职业院校“十四五”系列教材

数控车床操作与编程训练

主　编　王延飞　吕钊儒
副主编　王亭佳　王金霞
参　编　卜平凡　宿金升　魏秀金
　　　　孙志鑫　张晓霞　杜嘉奇

机械工业出版社

本教材主要内容是介绍 FANUC 系统数控车床编程与操作的知识和技能。全书共分为 19 个项目，分别从数控车床基本知识、内外轮廓编程加工、槽编程加工、螺纹编程加工、数控车仿真软件操作、自动编程加工与数控车床安全规范七个主要方向进行介绍。

本教材主要作为中职学校数控车床实训专业教学使用，也可供机械设计制造人员、车间技术人员参考。

图书在版编目（CIP）数据

数控车床操作与编程训练/王延飞，吕钊儒主编. —北京：机械工业出版社，2023.3

职业院校“十四五”系列教材

ISBN 978-7-111-72356-1

Ⅰ.①数… Ⅱ.①王… ②吕… Ⅲ.①数控机床－车床－操作－中等专业学校－教材②数控机床－车床－程序设计－中等专业学校－教材 Ⅳ.①TG519.1

中国国家版本馆 CIP 数据核字（2023）第 031568 号

机械工业出版社（北京市百万庄大街 22 号　邮政编码 100037）

策划编辑：王晓洁　　责任编辑：王晓洁

责任校对：肖　琳　王明欣　　封面设计：马若濛

责任印制：郜　敏

中煤（北京）印务有限公司印刷

2023 年 5 月第 1 版第 1 次印刷

184mm×260mm · 8 印张 · 195 千字

标准书号：ISBN 978-7-111-72356-1

定价：35.00 元

电话服务　　网络服务

客服电话：010-88361066　　机　工　官　网：www.cmpbook.com

010-88379833　　机　工　官　博：weibo.com/cmp1952

010-68326294　　金　书　网：www.golden-book.com

封底无防伪标均为盗版　　机工教育服务网：www.cmpedu.com

前言

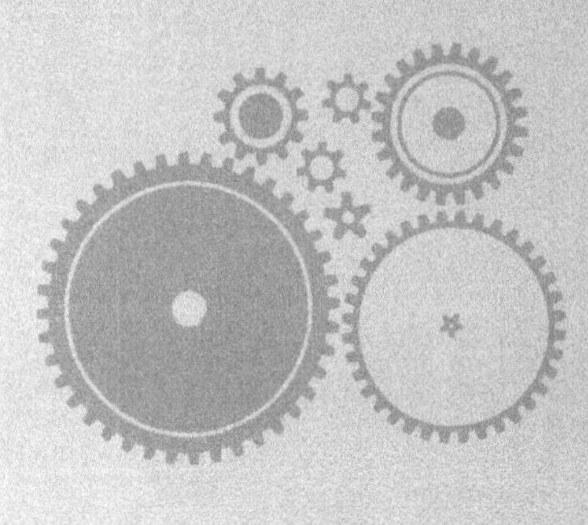

数控车床实训是数控类专业必修的专业实践课程。本教材是为适应中等职业教育数控专业的教学需要，依据中职教育培养目标，结合机械加工实际生产需要，在广泛征求相关专业教师、公司工程师、一线技术人员和专家教授等意见的基础上而编写的。

本教材具有以下特色：一是坚持“实用、适用、够用”的原则，教材内容注重实用，利于培养应用型人才；与中职学生的学业实际和培养目标相适应；理论教学以就业为导向，以够用为度，不追求理论的系统性与完整性。二是紧密联系机械加工类企业实际，学以致用。三是内容简明扼要，图文并茂，设计了注意事项等小栏目，利于激发学生兴趣，拓宽知识视野。

本教材的项目1～项目5由王延飞编写，项目6～项目10由王亭佳编写，项目11～项目15由王金霞编写，项目16～项目18由吕钊儒编写，项目19和附录由卜平凡、宿金升、魏秀金、孙志鑫、张晓霞、杜嘉奇编写。全书由吕钊儒统稿。

由于编者水平有限，书中难免有错误和不妥之处，恳请批评指正。

编　者

目 录

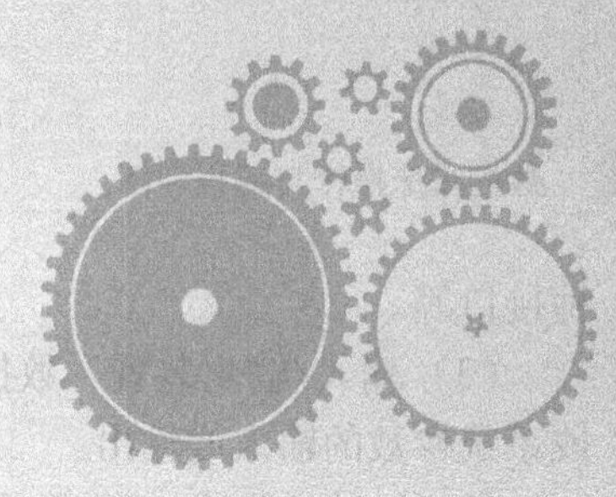

项目1 数控车床概述

1.1 数控车床的定义

数控车床是指以数字程序控制切削加工的车床，具有质量稳定、生产效率高、适应性强、自动化程度高的特点。数控车床在国内的使用已经非常普遍，取代了普通车床，是应用最广泛的数控机床，主要用于形状复杂、精度要求较高的单件小批量零件的加工。

1.2 数控车床的组成

数控车床一般由车床本体、数控单元（PLC）、输入/输出设备、伺服单元、驱动装置（或称执行机构）、测量装置等组成，如图 1-1 所示。

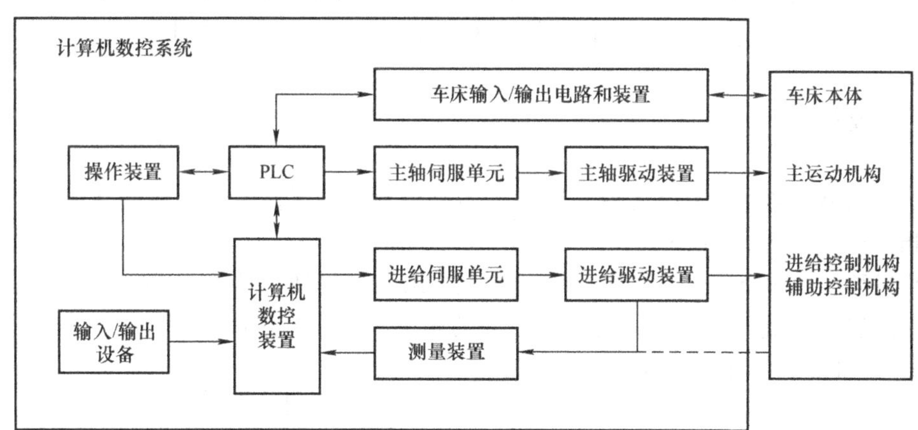

图 1-1　数控车床的组成框图

（1）车床本体　由于数控车床切削量大、连续加工发热量高等，会对加工精度有一定影响，加工过程又是自动控制，不能像普通车床那样由人工进行调整、补偿，所以其设计要求比普通车床更严格，制造要求更精密。

组成：主运动机构、进给控制机构、辅助控制机构等。

（2）数控单元（PLC）　数控单元是数控系统的核心。

组成：微处理器 CPU、存储器、外围逻辑电路以及与数控系统其他组成部分联系的各种接口等。

（3）输入/输出装置　数控车床中必须具备必要的输入/输出装置，从而完成零件程序或系统参数的输入或输出。

组成：一般配有 CRT 显示器或点阵式液晶显示器。

（4）伺服单元　伺服单元是数控装置和机床本体的联系单元。

分类：按照接收指令的不同分为数字式和模拟式；模拟式伺服单元按照电源种类的不同分为直流伺服单元和交流伺服单元。

（5）驱动装置　接收输入信号，输出运动的装置。

原理：将经过放大的指令信号转变为机械运动，通过机械传动部件驱动机床主轴、刀架、工作台等精确定位或按规定的轨迹作严格的相对运动，最后加工出图样所要求的零件。

分类：驱动装置有步进电动机、直流伺服电动机和交流伺服电动机等。

（6）测量装置　测量装置也称反馈元件，是高性能数控车床的重要组成部分。

原理：把车床工作台的实际位移转变成电信号反馈给数控装置，数控装置将反馈值与指令值比较产生误差信号，以控制工作台方向，消除运动的误差。

位置：通常在车床的工作台、丝杠或电动机轴上。

1.3　数控车床的工作原理

数控车床就是将加工过程所需的各种操作（如主轴变速、松夹工件、进刀与退刀、开机与停机、自动开关切削液等）和步骤以及工件的形状尺寸用数字化的代码表示，通过控制介质将数字信息送到数控装置，数控装置对输入的信息进行处理与运算，发出各种信号，控制机床的伺服系统或其他驱动元件，使机床自动加工出所需要的工件。

1.4　伺服系统

（1）开环控制系统　开环控制系统是指不带位置检测反馈装置的控制系统。数控单元发出的指令信号流是单向的。

工作过程：控制介质上的数据指令，经过控制运算发出脉冲信号，输送到伺服驱动装置（如步进电动机），使伺服驱动装置转过相应的角度，然后经过减速齿轮和丝杠螺母机构，转换为移动部件的直线位移，如图 1-2 所示。

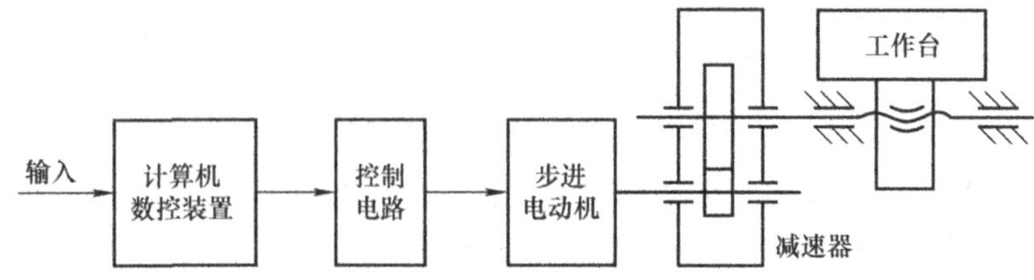

图 1-2　开环控制系统框图

（2）半闭环控制系统　半闭环控制系统是在开环控制系统的伺服机构中装有角位移检测装置，通过检测伺服机构中滚珠丝杠转角，间接检测移动部件的位移，然后反馈到数控装置的比较器中，与输入原指令位移值进行比较，用比较后的差值进行控制，使移动部件补偿位移，直到差值消除为止的控制系统，如图 1-3 所示。

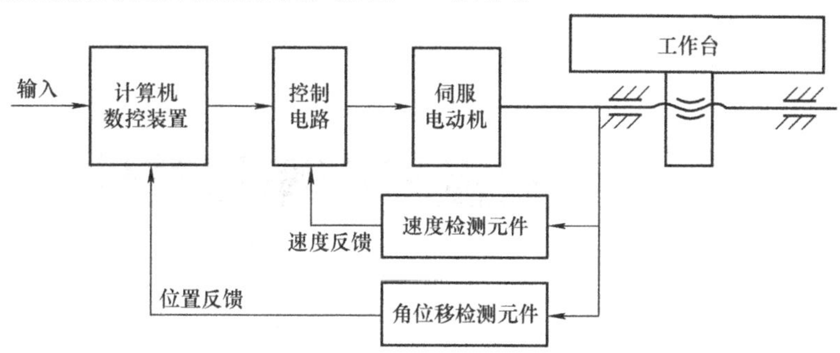

图 1-3　半闭环控制系统框图

（3）闭环控制系统　闭环控制系统是在机床移动部件位置上直接装有直线位置检测装置，将检测到的实际位移反馈到数控装置的比较器中，与输入的原指令位移值进行比较，用比较后的差值控制移动部件作补偿位移，直到差值消除时才停止移动，达到精确定位的控制系统，如图 1-4 所示。

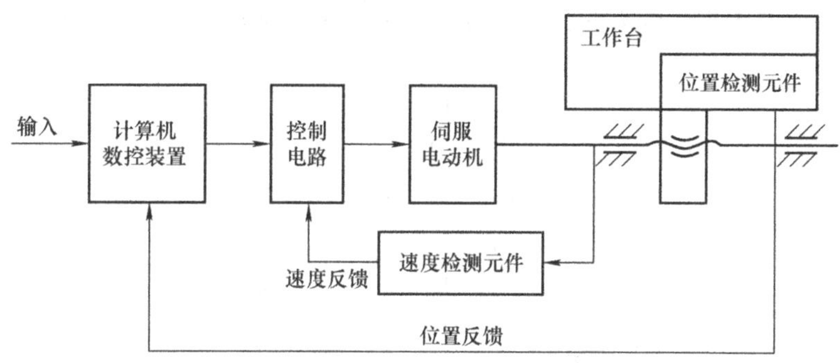

图 1-4　闭环控制系统框图

1.5　常见的数控车床

立式数控车床简称数控立车，其主轴垂直于水平面，并有一个直径很大的回转工作台，供装夹工件用。这类机床主要用于加工径向尺寸大、轴向尺寸相对较小的大型复杂工件，如图 1-5 所示。

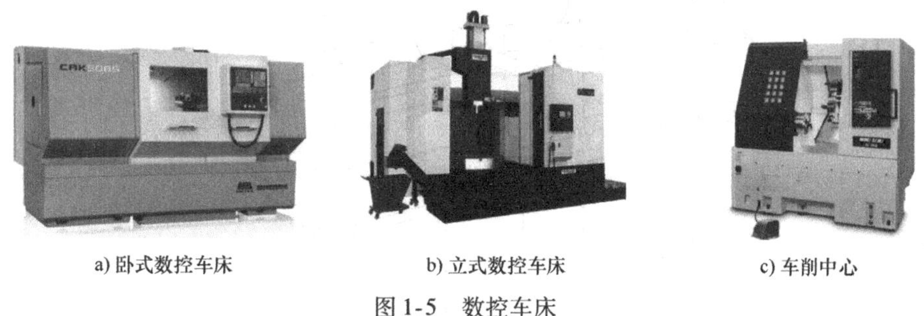

a) 卧式数控车床　b) 立式数控车床　c) 车削中心

图 1-5　数控车床

卧式数控车床又分为卧式数控水平导轨车床和卧式数控倾斜导轨车床。

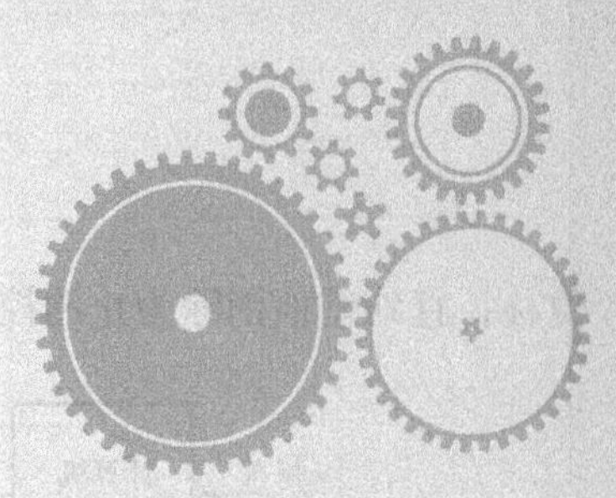

项目2 数控车床编程基础

2.1 数控车床坐标系

数控车床的坐标系包括机床坐标系和工件坐标系，采用右手笛卡儿坐标系。

X 轴的正方向是大拇指的方向，*Y* 轴的正方向是食指的方向，*Z* 轴的正方向是中指的方向，如图 2-1 所示。

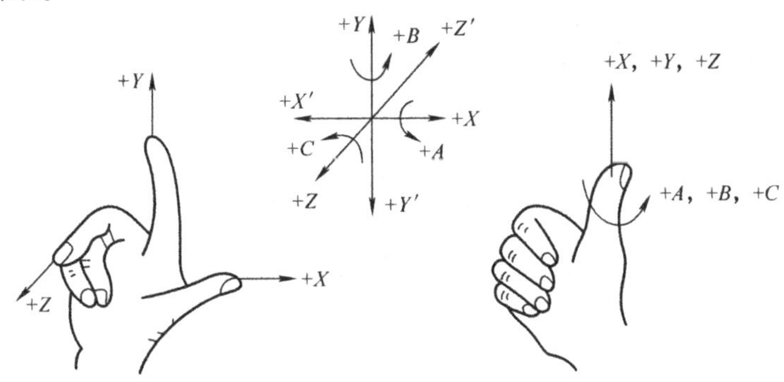

图 2-1 右手直角笛卡儿坐标系

（1）机床坐标系 机床上固有的坐标系，是机床制造和调整的基准，也是工件坐标系设定的基准。*X* 轴平行于工件的装卡面，*Z* 轴平行于主轴轴线，如图 2-2 所示。

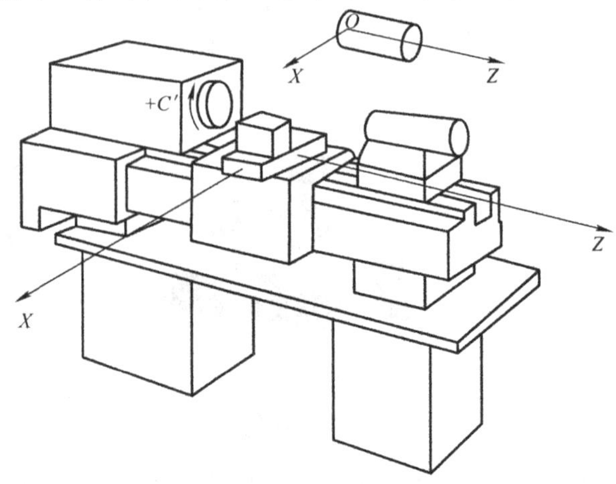

图 2-2 卧式车床标准坐标系

（2）工件坐标系　工件坐标系是编程时使用的坐标系，因此又称编程坐标系。工件坐标系坐标轴的意义必须与机床坐标轴相同。工件坐标系的原点，也称工件零点或编程零点，其位置由编程者确定。确定工件原点的原则是便于编程计算，故应尽量将工件原点设在零件图的尺寸基准或工艺基准处，如图 2-3 所示。

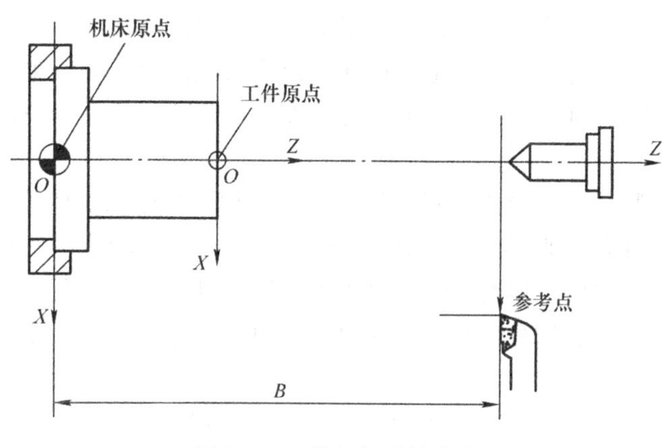

图 2-3　工件坐标系的设定

2.2　数控车床编程

（1）数控编程　数控车床是按照事先编制好的加工程序，自动地对被加工零件进行加工。

零件的加工工艺路线、工艺参数、刀具的运动轨迹、位移量、切削参数（主轴转速、进给量、背吃刀量等）以及辅助功能（换刀，主轴正转、反转，切削液开、关等），均按照数控车床规定的指令代码及程序格式编写加工程序单，再把这一程序单中的内容记录在控制介质上，然后输入到数控车床的数控装置中，从而控制机床加工零件。

这种从零件图的分析到制成控制介质的全部过程称为数控程序的编制。

（2）编程步骤　分析图样、确定加工工艺过程就是要根据图样对工件的形状、尺寸、技术要求进行分析，然后制订加工方案、确定加工顺序、加工路线、装夹方式、刀具及切削参数，同时要考虑所用数控车床的指令功能，充分发挥机床的效能，如图 2-4 所示。

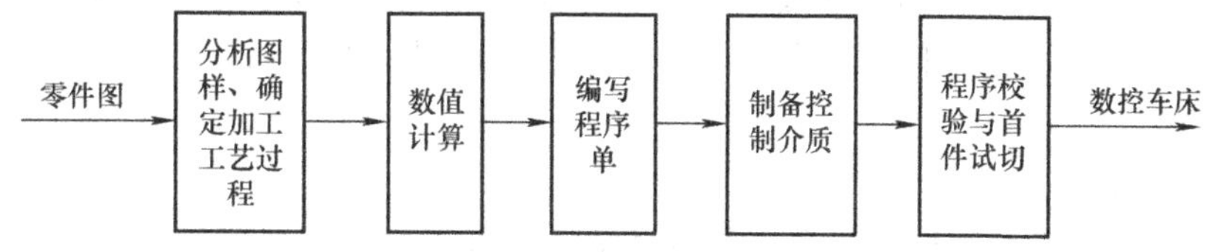

图 2-4　数控编程的步骤

数值计算就是根据零件图的几何尺寸、确定的工艺路线及设定的坐标系，计算零件粗、精加工的运动轨迹，得到刀具位置数据。

加工路线、工艺参数及刀具位置数据确定以后，编程人员可以根据数控系统规定的功能指令代码及程序段格式，逐段编写加工程序单，还应填写有关的工艺文件，如数控加工工序卡片、数控刀具卡片、数控刀具明细表、工件装夹和零点设定卡片、数控加工程序单等。

以上步骤完成后，把编制好的程序单上的内容记录在控制介质上，作为数控装置的输入信息。

程序单和制备好的控制介质必须经过验证和试切后才能正式使用。校验的方法是直接将控制介质上的内容输入到数控装置中，让机床空运转，即以笔代刀，以坐标纸代替工件，画出加工路线，以检查机床的运动轨迹是否正确。校验只能检验运动轨迹是否正确，不能查出被加工零件的加工精度。因此必须进行工件的首件试切。试切后经检测达到图样要求后，才可开始加工。

（3）编程方式　数控车床分为直径编程与半径编程，机床默认使用直径编程。

数控车床可以使用绝对坐标编程与增量坐标编程。刀具运动轨迹的坐标值是相对于工件坐标系的坐标原点 O 给出的，即称为绝对坐标编程。刀具运动轨迹的坐标值是相对于前一位置（或起点）来计算的，即称为增量（或相对）坐标编程。绝对坐标使用 X、Z，增量坐标使用 U、W。

（4）程序构成　数控车床程序分为程序号、程序内容。

程序号是由字母 O 和四位数字（不能全为 0）组成并应单独占一行，例 O0001、O1001、O9999 等，四位数字可以从 0001 ~9999 中选择。其数字前面的零可以省略不写，如 O0001 可写成 O1。

程序内容是整个加工程序的核心，通常由若干程序段组成，程序段又由一个或多个程序字组成，见表 2-1。

表 2-1　代码与功能

N	T	S	F	M	G
程序段号	刀具功能	主轴转速	进给指令	辅助指令	车削指令

2.3　加工程序简化

（1）模态指令与非模态指令

1）模态指令：也称续效指令，模态指令一经程序段中指定，便一直有效，直到出现同组另一指令或被其他指令取消时才失效，与上一段相同的模态指令可省略不写，如 G01。

2）非模态指令：也称非续效指令，仅在出现的程序段中有效，下一段程序需要时必须重写，如 G04。

（2）简化规则

1）G00、G01、F 都为模态指令，具有继承性，可省略，它被新的命令取代之前会一直有效。

2）X/Z 两个轴如果刀具只移动一个轴，另一个轴的坐标点可省略。

3）两个 0 的 G 代码和 M 代码都可以简写中间的 0。

（3）程序简化示例

轮廓程序	简化后的轮廓程序
O0001;	O0001;

T0101;	T101;
M03 S800 G98;	M3 S800 G98 F100;
G00 X25 Z2;	G0 X25 Z2;
G01 X25 Z0 F100;	G1 Z0;
G01 X25 Z-18 F100;	Z-18;
G01 X45 Z-18 F100;	X45;
G01 X45 Z-48 F100;	Z-48;
G01 X47 Z-48 F100;	X47;
G00 X150 Z-48;	G00 X150;
G00 X150 Z200;	Z200;
M30;	M30;

（4）程序简化特点

1）降低程序的出错率。

2）提高编程效率。

3）很好地利用系统的特性（FANUC 数控系统）。

数控车床加工工艺

3.1 零件图分析

在选择和确定数控加工内容的过程中，编程人员应该根据所掌握的数控加工的基本特点以及所用数控车床的功能和实际工作经验，对零件图进行数控加工工艺性分析。

零件图分析主要是分析零件的材料、形状、尺寸、精度及毛坯形状和热处理要求等，以便确定该零件是否适合在数控车床上加工，或适合在哪种类型的数控车床上加工。

零件图工艺性分析的内容包括结构工艺性分析、轮廓几何要素分析、尺寸标注方法分析、定位基准的可靠性分析、精度及技术要求分析。

3.2 加工顺序

1）数控车削加工顺序安排的基本原则：先粗后精，先远后近，先内轮廓后外轮廓。

粗车：只需尽快去除各表面多余的部分，同时给各表面留出一定的精车余量即可。一般采用吃刀深、进给量大、较低转速进行切削，车刀要求有足够的强度、刚度和寿命。

精车：使工件获得准确的尺寸和规定的表面粗糙度。车刀要求锋利，切削刃平直光洁，切削时必须使切屑排向工件待加工表面侧。

2）以相同定位、夹紧方式或用同一把刀具加工的工序，应连续进行。

3）在一次装夹中进行的多道工序，应先安排对刚度破坏较小的工序。

3.3 工件装夹

工件装夹的原则如下：

1）尽量减少装夹次数，力求在一次装夹后能加工出全部待加工表面。

2）定位基准要预先加工完毕。当零件需要二次装夹时，要尽可能利用同一基准面来加工另一些待加工表面，以减少加工误差。

3.4 加工路线

加工路线是刀具在整个加工工序中的运动轨迹，即刀具从对刀点（或机床原点）开始运动，直至返回该点并结束程序。加工路线的选择原则如下：

1）采用最短走刀路线，减少空行程时间。

2）当零件的加工余量较大时，可采用多次切削的方法，最后留出精加工余量（一般0.2～0.5mm），在最后一次走刀时连续加工出来。

3）刀具的进退刀应沿切线方向切入和切出，且在轮廓切削过程中要避免停顿。

4）采用最短空行程路线，对大余量毛坯应采用阶梯切削路线。

3.5　夹具选择

1）确保夹具本身在机床上安装准确。

2）协调零件和机床坐标系的尺寸关系。

轴类零件的夹具常用自定心卡盘、自动夹紧拨动卡盘、复合卡盘和快速可调万能卡盘等。

盘类零件的夹具常用带可调卡爪的卡盘、液压驱动卡盘、快速可调卡盘等。

3.6　刀具选择

应根据机床的能力、待加工工件材料的性能、工序、切削用量以及其他相关因素正确选用刀具及刀柄，选取刀具时要使刀具的尺寸与待加工工件的表面尺寸相适应。

1）根据加工形状选择符合加工要求的刀杆。

2）根据待加工工件的材料选择合适的刀片。

3.7　切削用量

切削用量包括主轴转速、背吃刀量及进给速度等。对于不同的加工方法，需要选用不同的切削用量。切削用量的选择原则是：保证零件加工精度和表面粗糙度，充分发挥刀具切削性能，保证合理的刀具寿命；充分发挥机床的性能，最大限度提高生产率，降低成本。

（1）主轴转速的确定　主轴转速应根据允许的切削速度和工件（或刀具）直径来选择。其计算公式为

$$n = 1000v/\pi D$$

式中　v——切削速度，由刀具的寿命决定（mm/min）；

n——主轴转速（r/min）；

D——工件直径或刀具直径（mm）。

计算得到的主轴转速 n 最后要根据机床说明书选取机床有的或较接近的转速。

（2）进给速度的确定　进给速度是数控车床切削用量中的重要参数，主要根据工件的加工精度和表面粗糙度要求以及刀具、工件的材料性质选取。最大进给速度受机床刚度和进给系统的性能限制。

确定进给速度的原则如下：

1）当工件的质量要求能够得到保证时，为提高生产效率，可选择较高的进给速度。一

般在 100~200mm/min 范围内选取。

2）在切断、加工深孔或用高速钢刀具加工时，宜选择较低的进给速度，一般在 20~50mm/min 范围内选取。

3）当加工精度、表面质量要求高时，进给速度应选小些，一般在 20~50mm/min 范围内选取。

4）刀具空行程时，特别是远距离“回零”时，可以设定该机床数控系统允许设定的最高进给速度。

（3）背吃刀量的确定　背吃刀量根据机床、工件和刀具的刚度来确定，在刚度允许的条件下，应尽可能使背吃刀量等于工件的加工余量，这样可以减少走刀次数，提高生产效率。为了保证加工表面质量，可留少量精加工余量，一般取 0.2~0.5mm。

总之，切削用量的具体数值应根据机床性能、相关的手册，并结合实际经验用类比方法确定。同时，使主轴转速、背吃刀量及进给速度三者能相互适应，以得到最佳切削用量。

台阶轴的轮廓加工

4.1 工件点位与坐标

工件点位的确定以端面为Z0，旋转轴为X0建立工件坐标系。以旋转轴的上半部分对点位进行标识——每一交点都是一个点位，如图4-1所示。

> **注意**：数控车床系统默认以后置刀架的方式编程，所以查看图样的上半部分，即便使用的数控车床是前置刀架类型，同样以后置刀架的方式编程。

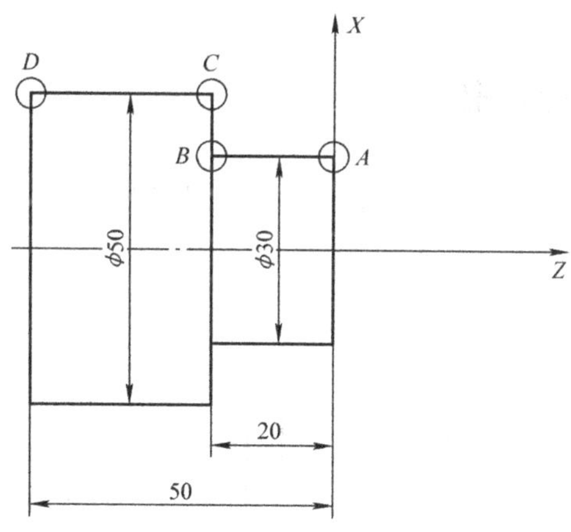

图4-1 工件点位坐标（1）

点位表示先 *X* 后 *Z*：*A*（30，0）
B（30，-20）
C（50，-20）
D（50，-50）

> **注意**：*A* 点 *X* 轴坐标不是15而是30，数控车床程序默认使用直径来表示 *X* 轴坐标。

4.2 工件点位确定

工件点位坐标如图 4-2 所示。

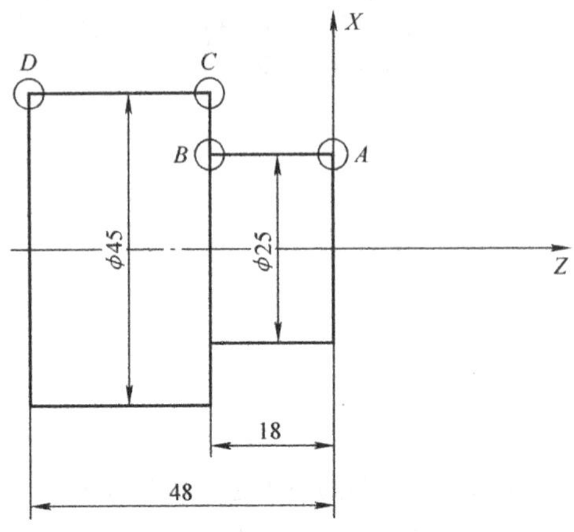

图 4-2 工件点位坐标（2）

A（25，0）

B（25，-18）

C（45，-18）

D（45，-48）

4.3 程序编制与运行步骤

1）控制刀具快速接近工件第一个坐标点，如图 4-3 所示。

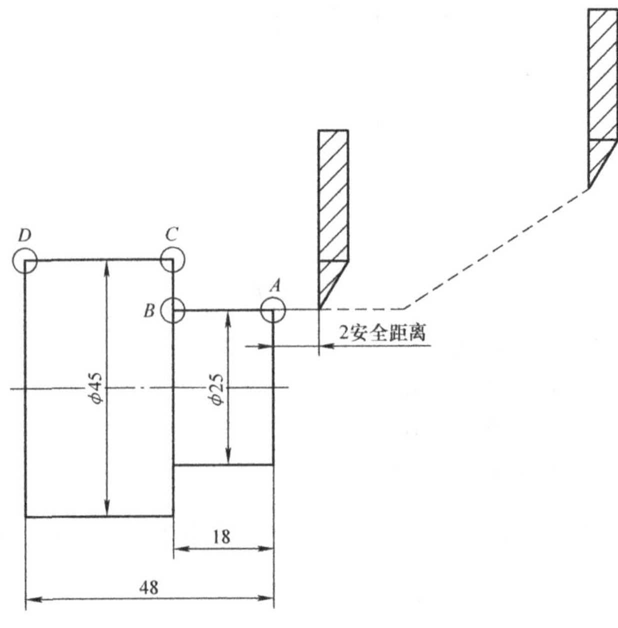

图 4-3 刀具运动轨迹

G00——快速定位

指令格式：G00 X_　Z_ ；

说明：X/Z——点位坐标。

> **注意**：G00 的速度是非常快的并且无法指定其速度，所以要在 Z 轴方向留有安全距离，防止刀具快速接近工件时造成损坏。
>
> →G00 X25 Z2；

当运行这段程序时，刀具将以很快的速度接近工件，如图 4-4 所示。

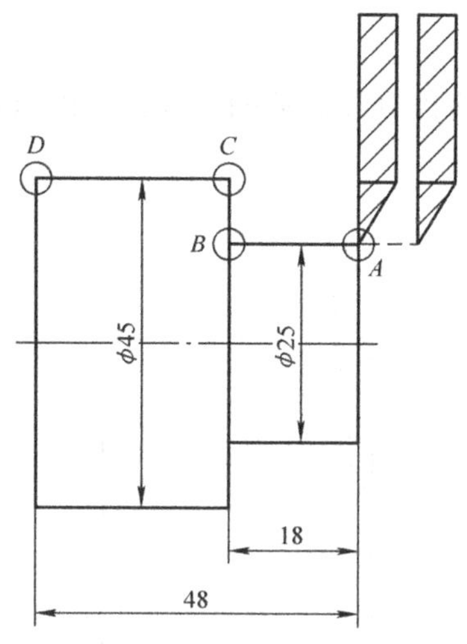

图 4-4　刀具移动轨迹

2）控制刀具插补至点 A。

G01——直线插补

指令格式：G01 X_　Z_　F_ ；

说明：X/Z——点位坐标；

F——进给速度（mm/min）。

> **注意**：轮廓为直线时选用 G01 指令，包括倾斜的直线。

插补即机床数控系统依照一定方法确定刀具运动轨迹的过程。也可以说，已知曲线上的某些数据，按照某种算法计算已知点之间的中间点的方法，也称为“数据点的密化”。数控装置根据输入的零件程序的信息，将程序段所描述的曲线的起点、终点之间的空间进行数据密化，从而形成要求的轮廓轨迹，这种“数据密化”机能就称为“插补”。

实际加工中工件形状各式各样，但无论工件形状多么复杂，工件的轮廓最终都是要用直线或圆弧进行逼近以便数控加工的。

插补计算就是在数控系统输入基本数据（如直线的起点、终点坐标，圆弧的起点、终点、圆心坐标等），运用一定的算法计算，根据计算结果向相应的坐标发出进给指令。根据每一进给指令，机床在相应的坐标方向上移动指定的距离，从而加工出工件所需的轮廓形状。

→G00 X25 Z2；

→G01 X25 Z0 F100；

当运行这段程序后，刀具将以直线插补的形式，并以 100mm/min 的速度运动至点 *A*。

3）控制刀具插补至点 *B*。

→G01 X25 Z－18 F100；

当运行这段程序后，刀具将以直线插补的形式，并以 100mm/min 的速度运动至点 *B*，如图 4-5 所示。

4）控制刀具插补至点 *C*。

→G01 X45 Z－18 F100；

当运行这段程序后，刀具将以直线插补的形式，并以 100 mm/min 的速度运动至点 *C*，如图 4-6 所示。

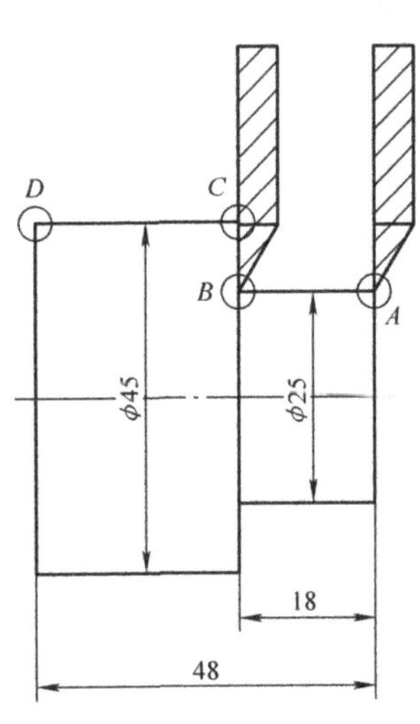

图 4-5　刀具运动到 *B* 点

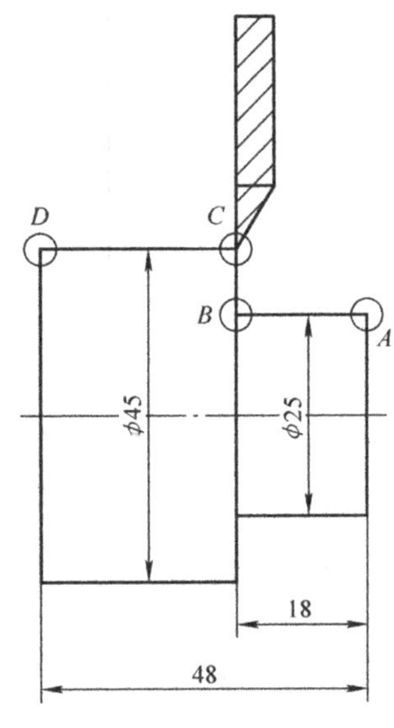

图 4-6　刀具运动到 *C* 点

5）整体的程序。

G00 X25 Z2；

G01 X25 Z0 F100；

G01 X25 Z－18 F100；

G01 X45 Z－18 F100；

G01 X45 Z－48 F100；

G01 X47 Z－48 F100；（刀具缓慢离开工件）

G00 X150 Z－48；（*X* 轴快速移动）

G00 X150 Z200；（*Z* 轴快速退刀）

轮廓程序编制完成后，整个台阶轴的加工程序还需要几点必要的条件。

① O0001；——程序名，字母 O＋4 位数字。

② T0101；

说明：T01——一号刀具；

01——一号刀补（刀补储存刀具补偿数据与坐标系数据）。

③ M03 S800 G98；

说明：M03——主轴正转；

S800——转速 800r/min；

G98——每分钟进给方式（声明 G98 后 G01 的 F 值将会是每分钟进给方式）。

6）扩展。

G99——每转进给方式（声明后 G01 的 F 值将会是每转进给方式）。

换算：

M03 S1000 G99 F0.1；→M03 S1000 G98 F100；

M30——程序结束，执行光标跳至程序头。

完整的刀具轨迹如图 4-7 所示。

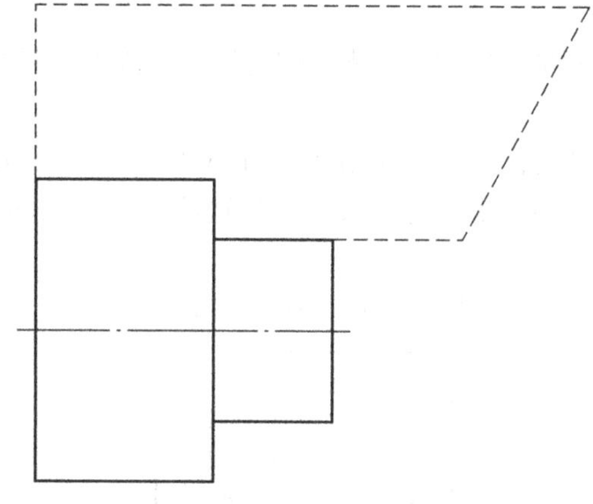

图 4-7　刀具轨迹图

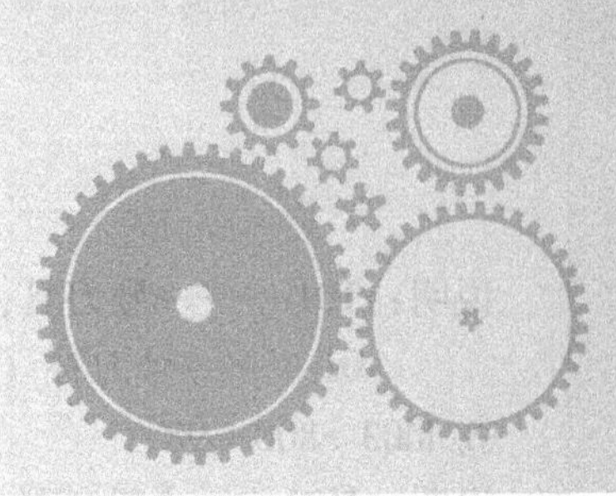

台阶轴的加工

5.1 G71 径向粗车循环

完整的轮廓程序并不能将工件加工出来，因为所要去除的余量太多。将余量一点点去除再用轮廓程序来修整工件。

以加工图 5-1 所示零件为例，如果使用前面的 G00、G01 指令完全可以做到，但是程序将变得非常复杂，我们不得不考虑到每一次的刀具轨迹和每一次的点位计算，这是烦琐的、效率低下的、容易出错的。

G71 指令很好地解决了以上问题，具体程序示例如下。

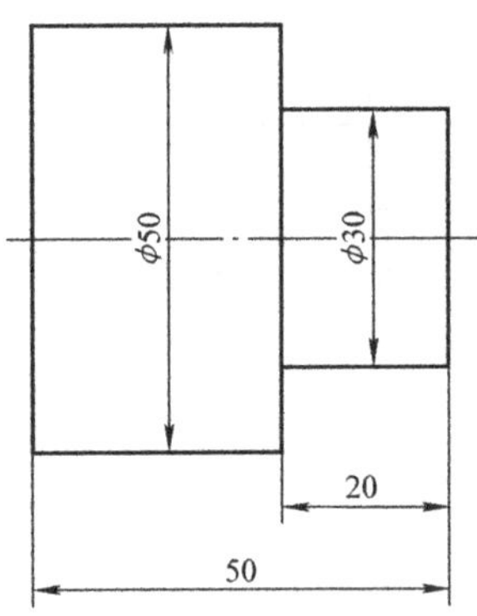

图 5-1　台阶轴零件图

G00 与 G01 组合完成的程序片段：

```
G01 Z-49.9;
G01 X54.2;
G00 X64.2;
G00 Z2.1;
G00 X43.2;
G01 Z-19.9;
G01 X49.2;
G00 X59.2;
```

G71 完成的完整加工程序：

```
O0001;
T101;
M3 S800 G98 F100;
G0 X57 Z2;
G71 U1 R1;
G71 P1 Q2 U0 W0;
  N1 G0 X30;
  G1 Z0;
```

```
G00 Z2.1;
G00 X37.2;
G01 Z-19.9;
G01 X43.2;
G00 X53.2;
G00 Z2.1;
G00 X31.2;
```

```
    Z-20;
    X50;
    Z-50;
    N2 X57;
G0 X150;
Z200;
M30;
```

G71——粗车复合循环。

指令格式：G71 U_ R_ ；

G71 P_ Q_ U_ W_ F_ ；

说明：U——每次车削的背吃刀量；

R——相对于上次的退刀量；

P/Q——子程序的段号/结束段号；

U/W——X/Z 轴加工余量；

F——进给速度。

5.2 G71 程序结构

1	O0001;	程序号
2	T101;	刀具功能：1 号刀位 1 号刀补号
3	M3 S800 G98 F100;	主轴正转转速为 800r/min；进给方式为每分钟进给方式；进给速度 100mm/min
4	G0 X（毛坯直径+2）Z2;	循环起始点，规定 G71 从哪里开始加工，结束后到哪里。（毛坯直径+2）是因为所加工的工件是圆钢毛坯直径+2mm 的安全距离，圆钢出厂后的规格并不是很准确，可能大一点，Z 轴定位 2mm 的安全距离
5	G71 U_ R_ ;	设定背吃刀量与退刀量，一般都为 1mm
6	G71 P1 Q2 U0 W0;	P1/Q2 对应轮廓程序的 N1/N2，让 G71 知道粗加工的是什么轮廓
7	N1 G0 X（工件第一点的坐标）;	轮廓程序的开始都为工件的第一个点的 X 轴坐标，Z 轴坐标为 2mm，通过循环起始点继承的，但不能显示出来，G71 程序直接报错
8	G1 Z0;	由 Z2 到 Z0 的固定写法
9	（补充子程序）	补充剩余的子程序轮廓
10	N2 G1 X（毛坯直径+2）;	车削完成后刀具是在工件内的，缓慢地远离工件，再进行快速退刀操作
11	G0 X15;	X 轴快速退刀
12	Z200;	Z 轴快速退刀
13	M30;	程序结束

G71 走刀轨迹图如图 5-2 所示。

说明：Δd——背吃刀量；

e——退刀量；

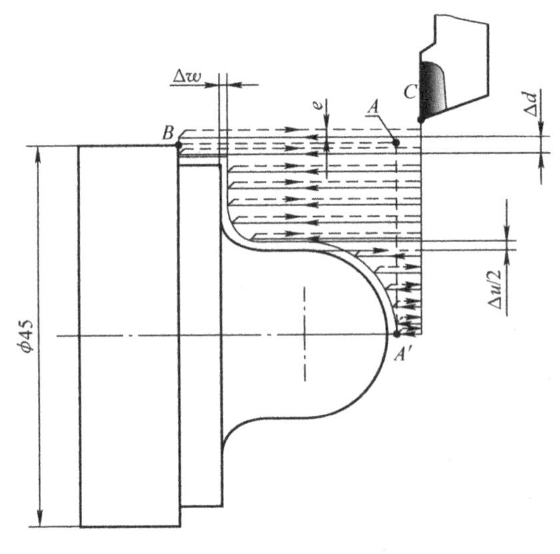

图 5-2 G71 走刀轨迹图

Δ*u*——*X* 方向上的精加工余量（直径量）和方向（外轮廓用“+”，内轮廓用“-”）；

Δ*w*——*Z* 方向上的精加工余量和方向；

C——粗车循环起刀点；

A——毛坯外圆与端面轮廓的交点。

5.3 G70 精车循环

G71 只要指定工件的轮廓程序，设定好参数后，系统就会自动计算刀具路径与车削次数，极大地简化了粗加工程序，让程序变得容易编制，容易修改，大大地降低了出错的概率。

使用以上程序结构对工件进行编程，适用于实际生产的加工与仿真练习，能够将工件粗加工完成，*X*/*Z* 轴加工余量设为 0，粗加工将完成工件的加工。*X*/*Z* 轴方向留有加工余量可以通过“/”跳段符号加入 G71 前面以跳过 G71 粗车复合循环完成精加工操作。

/ G71 U1 R1；（这段程序将直接跳过不被机床执行）

/ G71 P1 Q2 U1 W0.5（这段程序同样跳过不被机床执行）

G70 指令同样可以完成精加工操作。

G70——精车循环。

指令格式：G70 P_ Q_ ；（P/Q——对应轮廓程序的开始/结束段号）

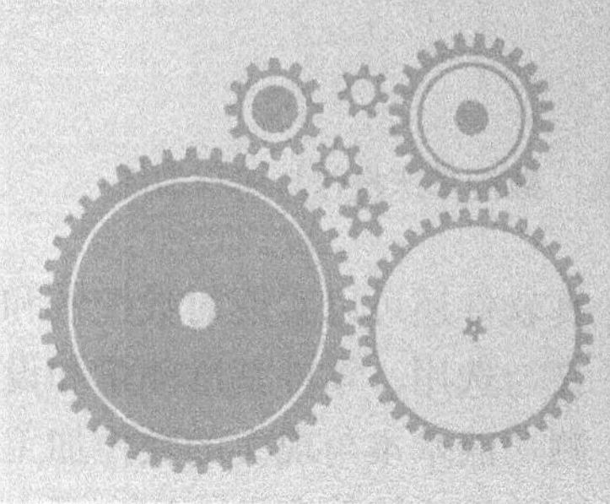

项目6 台阶轴的仿真加工

6.1 仿真软件

计算机数控仿真是应用计算机技术对数控加工操作过程进行模拟仿真的一门新技术。该技术面向实际生产过程的机床仿真操作，是将加工过程的三维动态逼真再现，能使每一个学生对数控加工建立感性认识，并且可以反复进行数控加工操作，有效解决了因数控设备昂贵和有一定危险性、很难做到每位学生“一人一机”的问题，在培养全面熟练掌握数控加工技术的实用型技能人才方面发挥了显著的作用。

数控仿真加工是以计算机为平台在数控仿真加工软件的支持下进行的，如图6-1所示。当前国内较为流行的仿真软件有北京斐克VNUC、南京宇航Yhcnc、上海宇龙等。

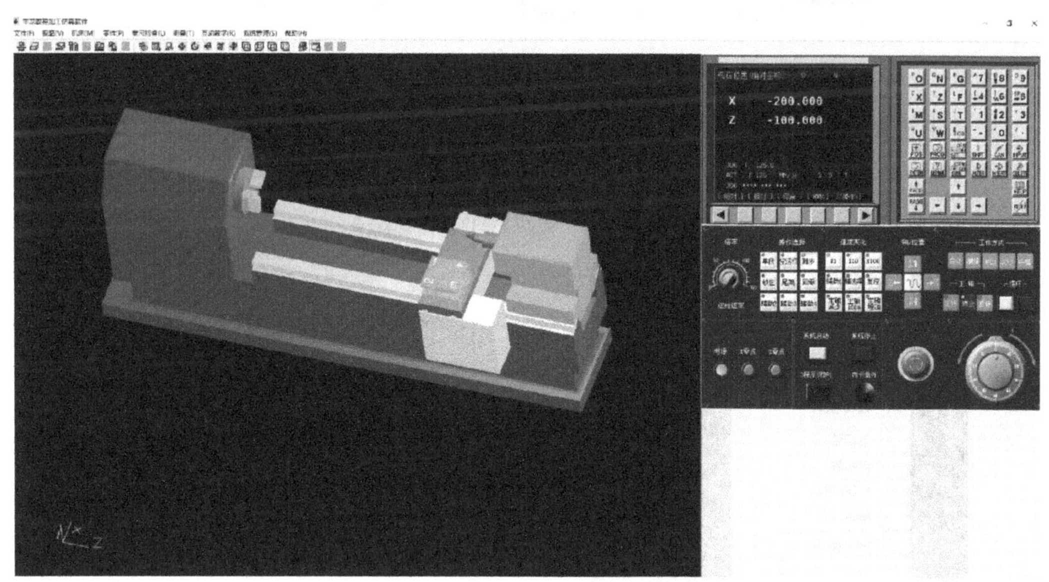

图6-1 仿真软件页面

数控加工的虚拟仿真软件，较之真实的数控加工多了很多的优点，例如用于产品设计与制造，可以避免新产品开发的风险，降低成本；用于产品演示，可借多媒体效果吸引客户、争取订单；用于培训，可用“虚拟设备”来增加员工的操作熟练程度。数控加工的虚拟仿真软件还可以实现对数控铣和数控车加工全过程的仿真，其中包括毛坯定义与夹具、刀具定义与选用、零件基准测量和设置、数控程序输入、编辑和调试，仿真加工以及各种错误加检测功能基本与现实的数控加工相一致。常用的数控仿真系统有西门子系统、法兰克系统、华中数控系统等多种，用户可自行选择。

6.2 初始化

1）单击软件图标快速登录后，选择机床→选择大连机床厂的 CKA6136i（该机床操作界面通用性强），如图 6-2 所示。

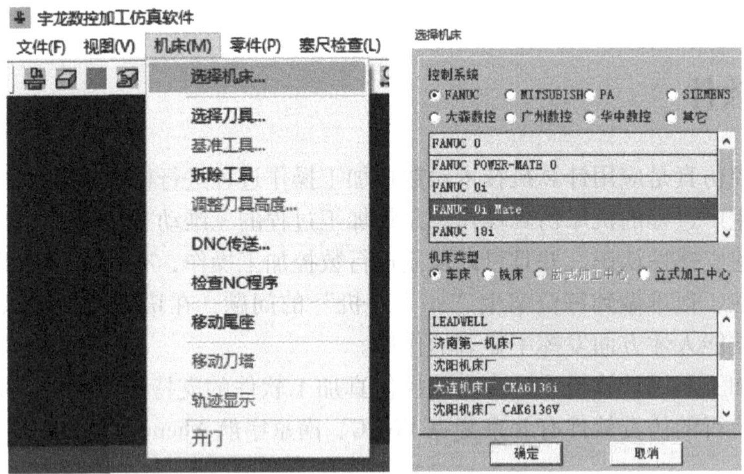

图 6-2 选择机床对话框

2）单击视图→选项，设置鼠标左键平移右键旋转以方便之后的操作，如图 6-3 所示。

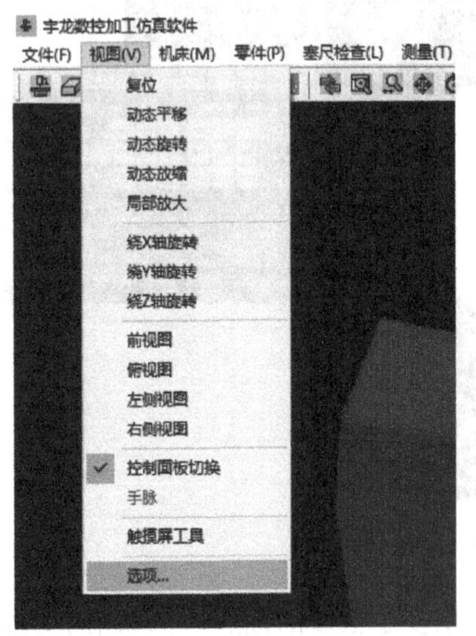

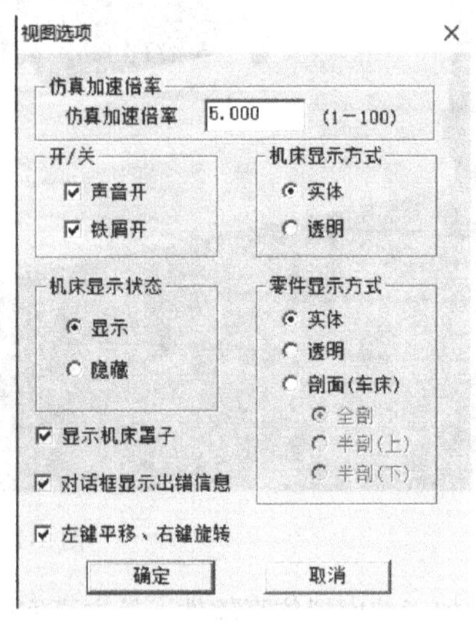

图 6-3 选择视图对话框

3）切换俯视图以方便之后的观察，单击启动系统，关闭急停按钮，如图6-4所示。

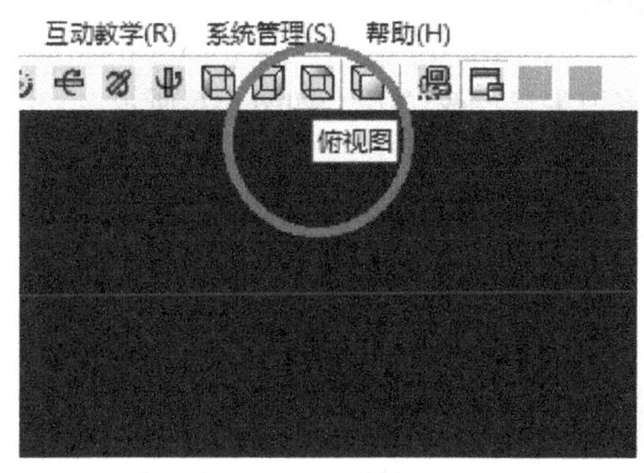

图6-4　启动机床系统

4）单击回零，依次单击【X↓】按钮和【Z→】按钮，完成机床回零操作（X零点、Z零点指示灯会亮起），再次单击回零取消回零功能，如图6-5所示。

注意：开机回零的目的就是为了建立机床坐标系，即通过参考点当前的位置和系统参数中设定的参考点与机床原点的距离值，来反推出机床原点位置。

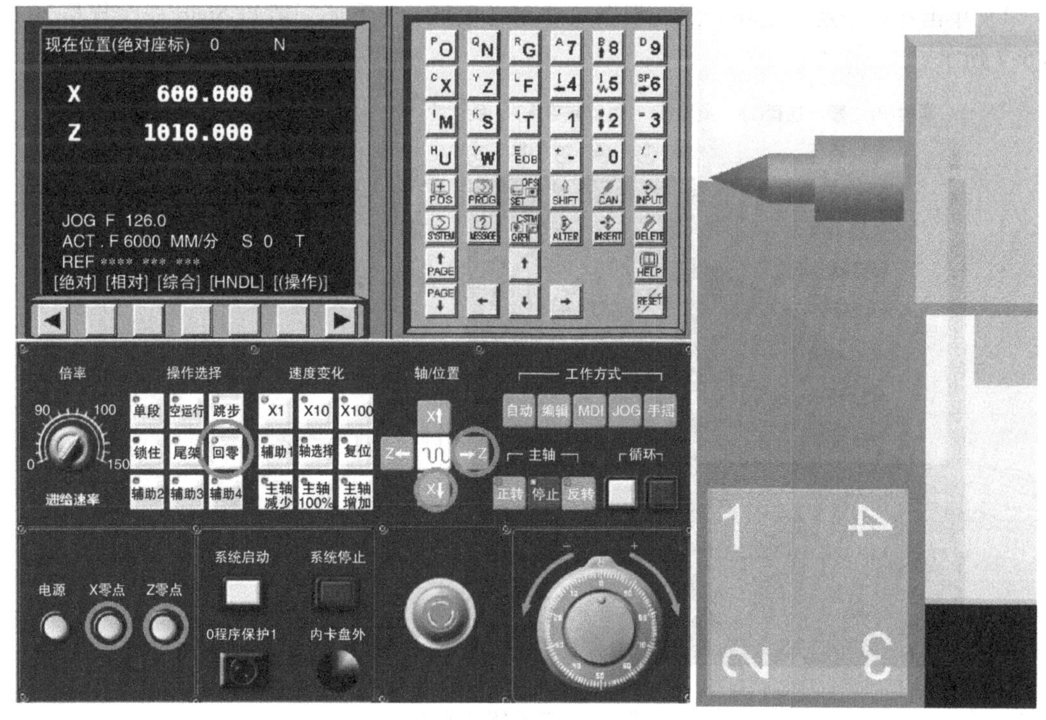

图6-5　机床回零

6.3 选择毛坯、刀具和建立工件坐标系

1）单击机床→选择刀具→选择 80°刀片，并将刀尖半径改“0”，如图 6-6 所示。

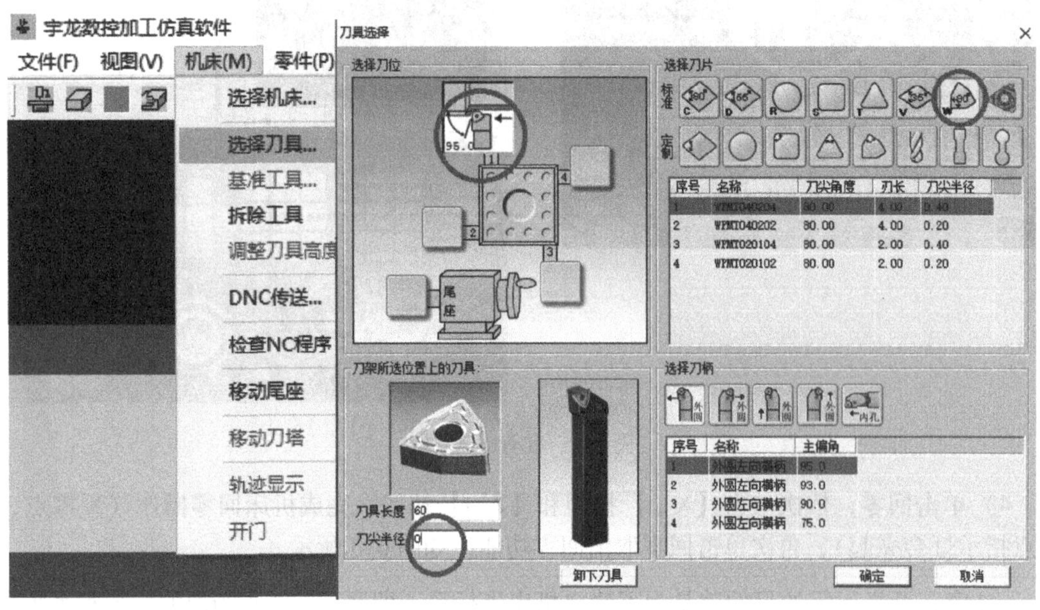

图 6-6　刀具选择对话框

2）单击零件→定义毛坯，然后根据尺寸定义毛坯，（毛坯一般每 5mm 一个规格），如图 6-7 所示。

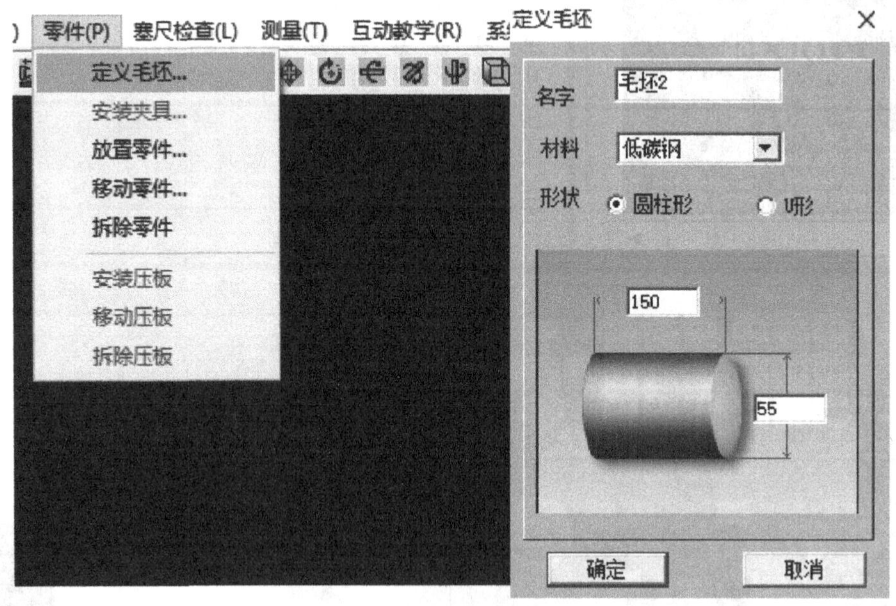

图 6-7　选择零件毛坯

3）单击零件→放置零件→选择定义好的毛坯，可左右调节位置，默认状态退出，如图6-8所示。

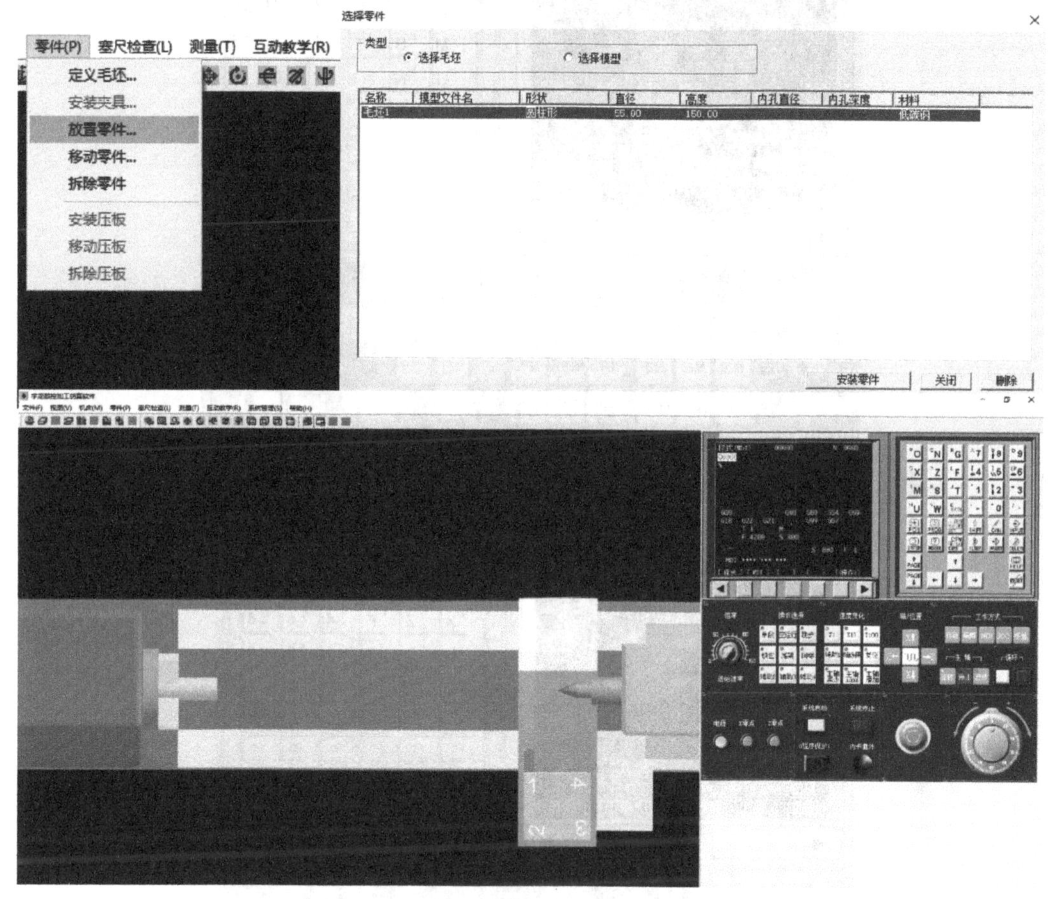

图6-8 放置零件

4）单击【MDI】→输入“M3 S800;”（“;” EOB）→单击【INSERT】，输入到【MDI】中→单击循环启动→主轴正转800r/min，用←→调节光标的位置，单击【DELETE】可删除程序段，单击【CAN】可在输入栏中删除单个字符，如图6-9所示。

5）因为仿真默认是一号刀具的状态，不用再运行T101。如果使用的是别的刀具号，则需运行一下刀具，如：T202，之后再进行操作。单击【JOG】（手动模式）→单击快速按钮→并根据【X↑】按钮、【X↓】按钮、【Z←】按钮、【Z→】按钮进行零件的试切，如图6-10所示。

6）完成试切后单击【RESET】（复位），主轴停转→单击测量→剖面图测量，进入测量界面，如图6-11所示。

注意：试切完成后不要移动 X 轴与 Z 轴。

7）单击手动车削的型面→记录 X 值与 Z 值并退出→单击【OFSSET】按钮，进入刀具补偿界面，如图6-12所示。

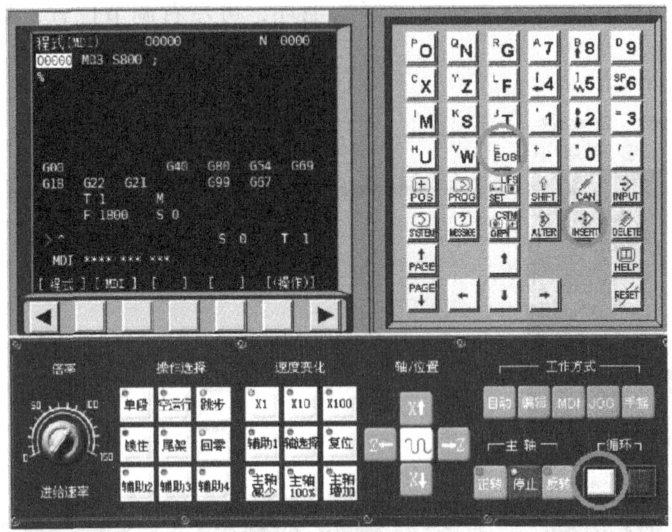

图 6-9　设置主轴转速

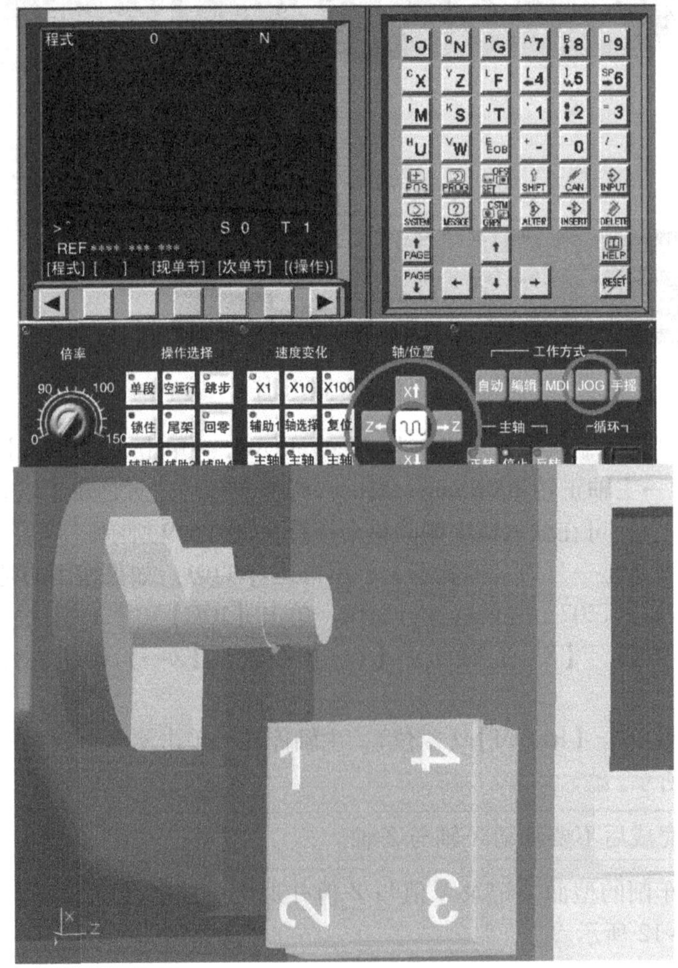

图 6-10　手动模式试切

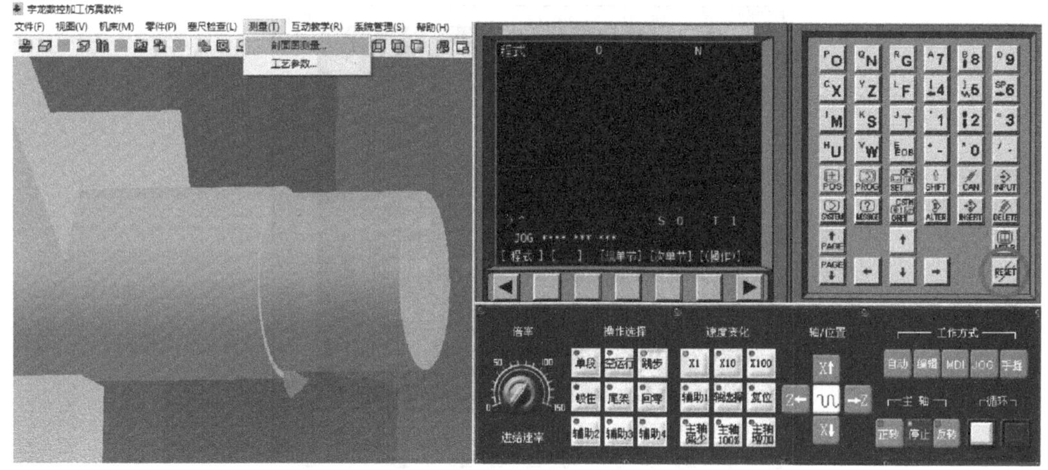

图6-11　试切完复位

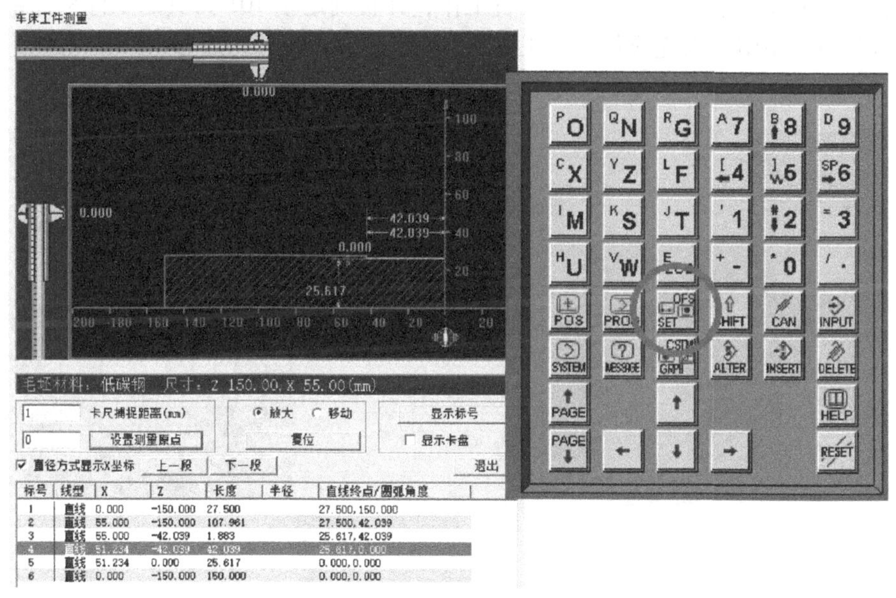

图6-12　进入刀具补偿界面

8）进入刀补界面后单击形状→选择01对应T0101的刀补号→输入【X+】记录的X值→单击测量→输入【Z+】记录的Z值→单击测量（以上完成了对刀操作——工件坐标系的建立，测量后出现的数值是工件坐标系相对于机床坐标系的偏移值），如图6-13所示。

9）在JOG模式下单击主轴【正转】，在【MDI】下输入“M3 S800”，单击循环启动（启动主轴功能）→单击【JOG】，先退 X 轴，再退 Z 轴（如果不启动快速退刀时，会出现错误警报）→单击【RESET】停止，如图6-14所示。

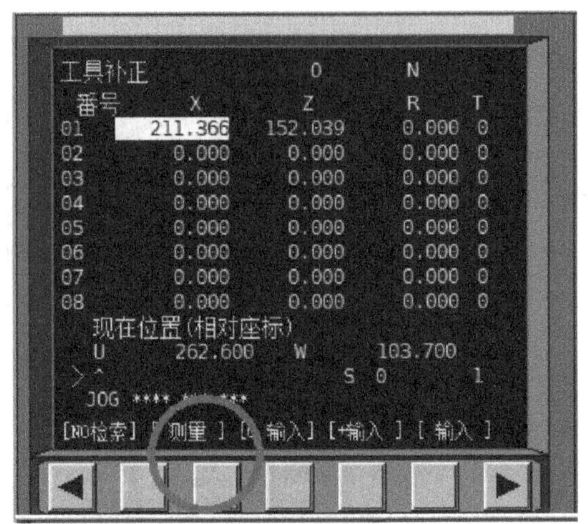

图 6-13　刀补设定

> **注意**：以上完成了整个程序前的准备工作，并且确定了 T01 刀具的工件坐标系，编程的时候需要使用 T0101 来完成仿真加工。

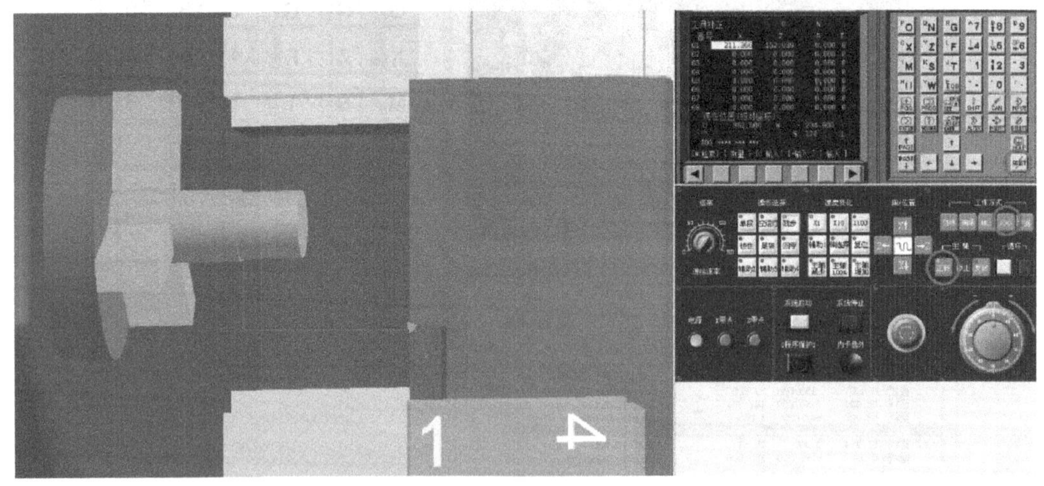

图 6-14　手动退刀

6.4　编写加工程序并导入仿真机床

1）根据图 6-15 编写台阶轴的加工程序。

O0001；（台阶轴加工程序）

T101；

M3 S800 G98 F100；

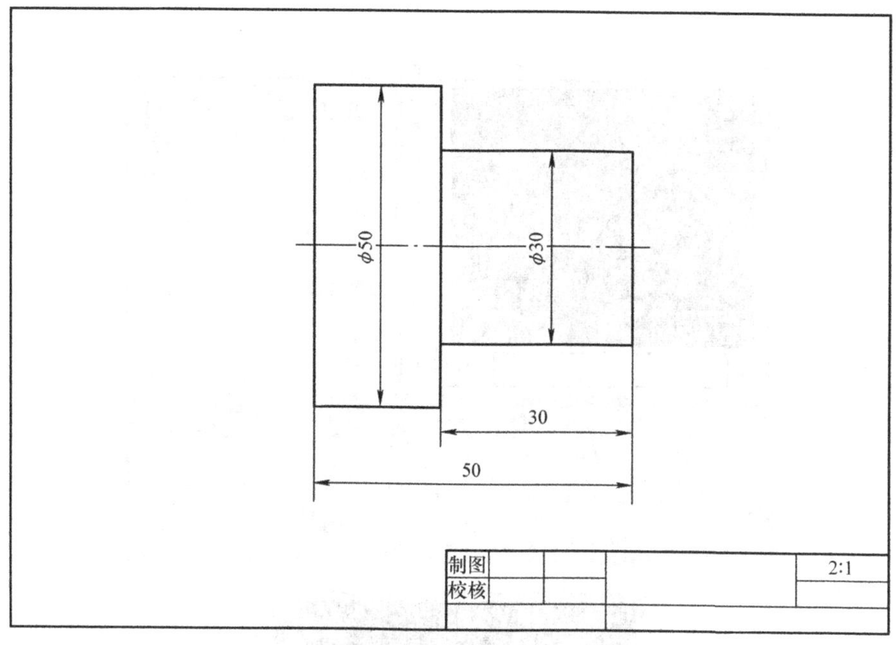

图 6-15　台阶轴

```
G0 X57 Z2;
G71 U1 R1;
G71 P1 Q2 U0 W0;
    N1 G0 X30;
    G1 Z0;
    Z-30;
    X50;
    Z-50;
    N2 G1 X57;
G0 X150;
Z200;
M30;
```

注意：

使用"记事本"进行加工程序的编写，仿真软件支持 TXT 文本格式的程序。

程序的每一段不需要加"；"程序段结束/换行符，在导入到仿真软件后，仿真软件会自动识别并进行格式化。

"( )"是程序注解符号（英文输入），括号中的内容程序不会执行。

使用 TAB 符进行程序的缩进，缩进轮廓程序便于查看修改。

2）单击【编辑】→单击【PROG】→单击【操作】→单击【查看多选项】→单击【READ】，如图 6-16 所示。

图 6-16　选择程序

3）输入程序号→单击【机床】→选择【DNC 传送…】→进入【文件选择】，选择编制好的加工程序打开，如图 6-17 所示。

注意：打开加工程序后，将加工程序导入到仿真软件中（建议将加工程序储存到 C 盘根目录中以方便快速查找打开，文件位于桌面时，需建立一个文件夹放到文件夹中才能够被查找到）。

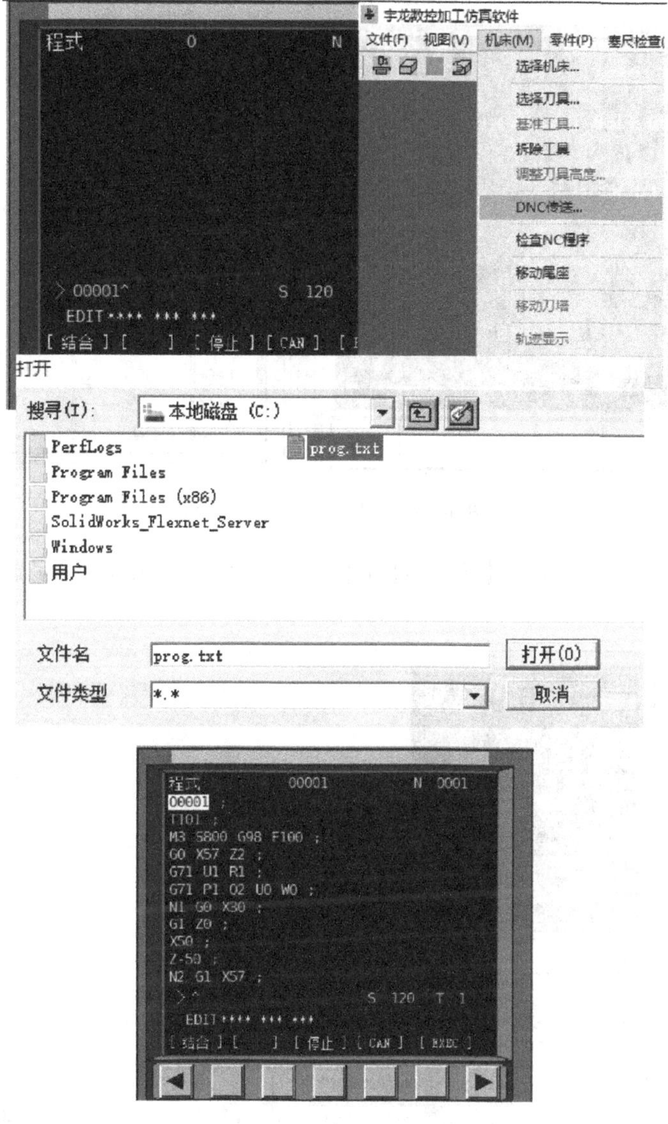

图 6-17　导入程序

6.5　仿真加工

1）单击【编辑】→单击【PROG】→输入需要自动运行的程序号→单击【↓】检索需要自动运行的程序→将程序执行光标移动至程序头（单击【RESET】后，无论执行光标在什么位置都会跳至程序头），如图 6-18 所示。

> **注意**：程序执行光标跳至程序头后方可执行加工程序，如果程序光标不在程序头，程序将在执行光标处从上往下执行，导致未执行前面的指令造成错误。

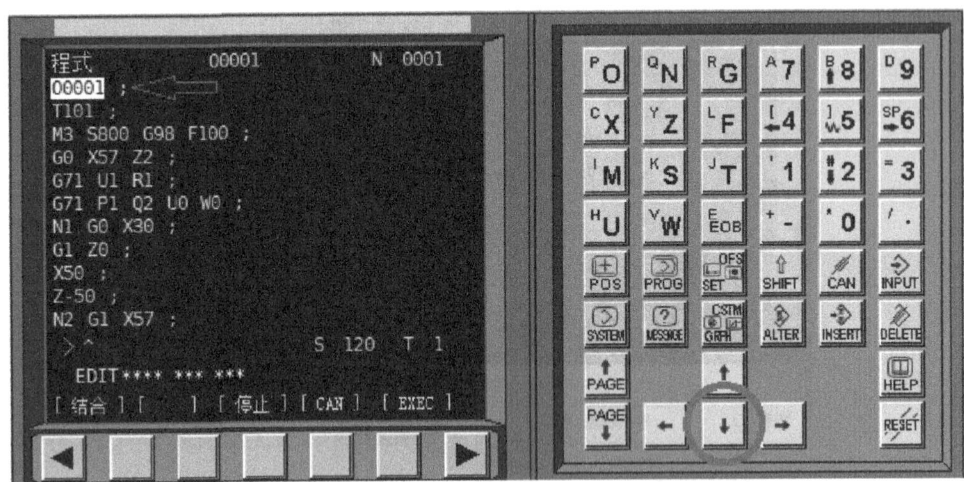

图 6-18 光标移动至程序开头

2）单击【自动】→单击【循环启动】后，程序将自动运行完成零件的车削，如图 6-19所示。

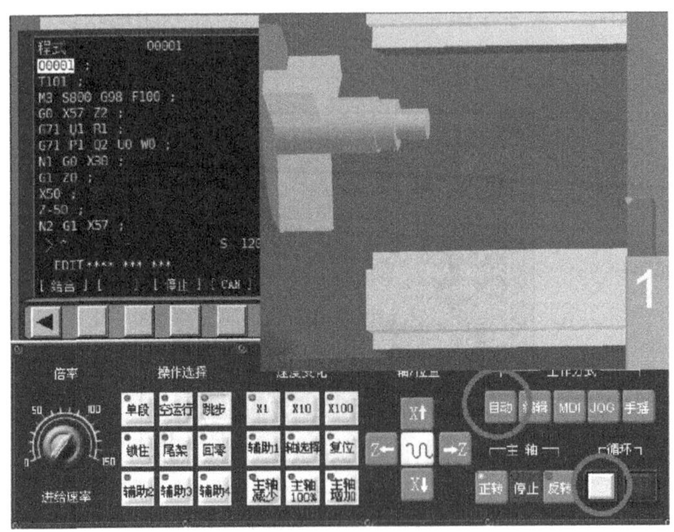

图 6-19 程序执行

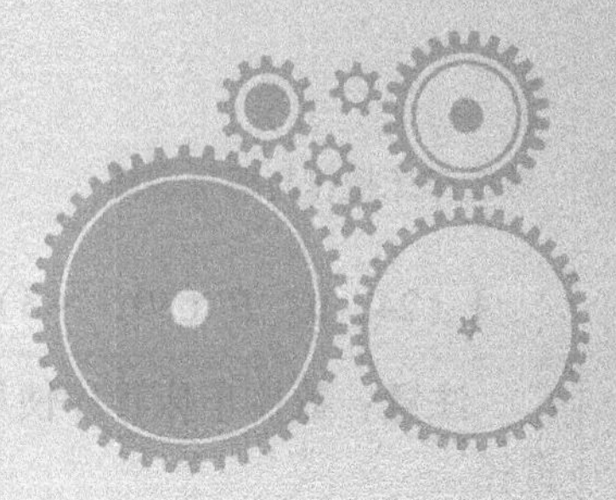

项目7 倒角、圆锥的加工

7.1 倒角

工件进行倒角的主要原因如下：

（1）防止产生凸起　没有倒角的棱边一旦遭到碰撞就会发生变形，不要小看这一点变形，如果是平面，一点凸起就会使工件放不平或安装不到位，工件许多尺寸公差是以百分之几毫米计的，一点凸出就会使工件的尺寸公差、几何公差超差，造成次品，严重的会造成机械故障。

（2）防止锋口伤人　没有倒角的棱边都是很锋利的，在搬动零件时难免会碰到，一不小心就会伤人，这是很危险的。所以除了特别要求外，工件都是需要倒角的，如图 7-1 所示。

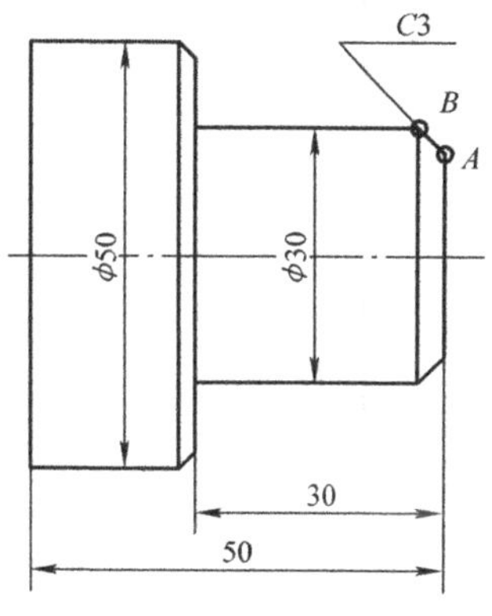

图 7-1　工件倒角

C 的含义是倒角角度为 45°，*C* 指的是英文单词 Corner，用于两倒角边垂直的情况，其默认角度为 45°（边长为 3mm 的等腰直角三角形的倒角），如图 7-2 所示。工件倒角后会产生 *A*、*B* 两点，程序编制时要求出 *A*、*B* 两点的点位，并使用 G01 直线插补指令完成倒角的程序编制，如图 7-3 所示。

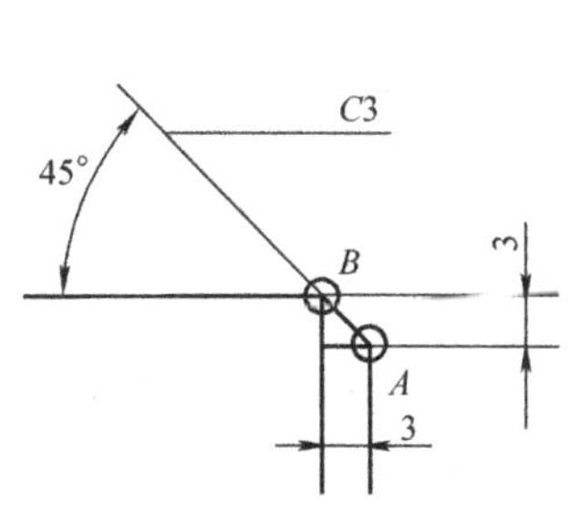

图 7-2　倒角角度

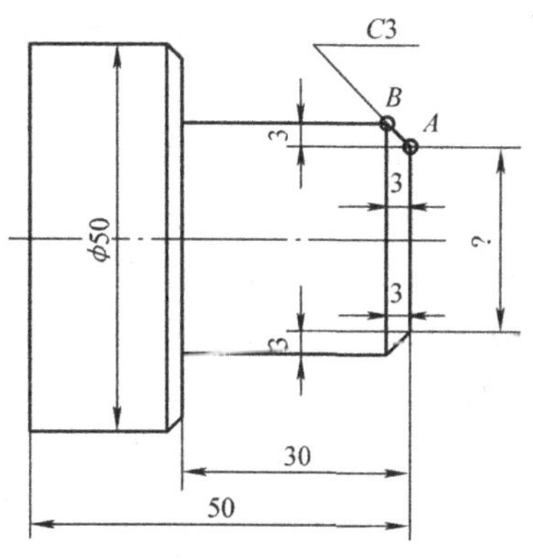

图 7-3　零件图

通过计算得到 *A*、*B* 两点的点位如下：

A（24，0）*B*（30，-3）

> **注意**：数控车床程序使用直径来表示 *X* 轴坐标，在求倒角起始点的时候要充分考虑直径。

7.2 带倒角台阶轴的加工程序编制

带倒角台阶轴（图 7-4）的加工程序如下：

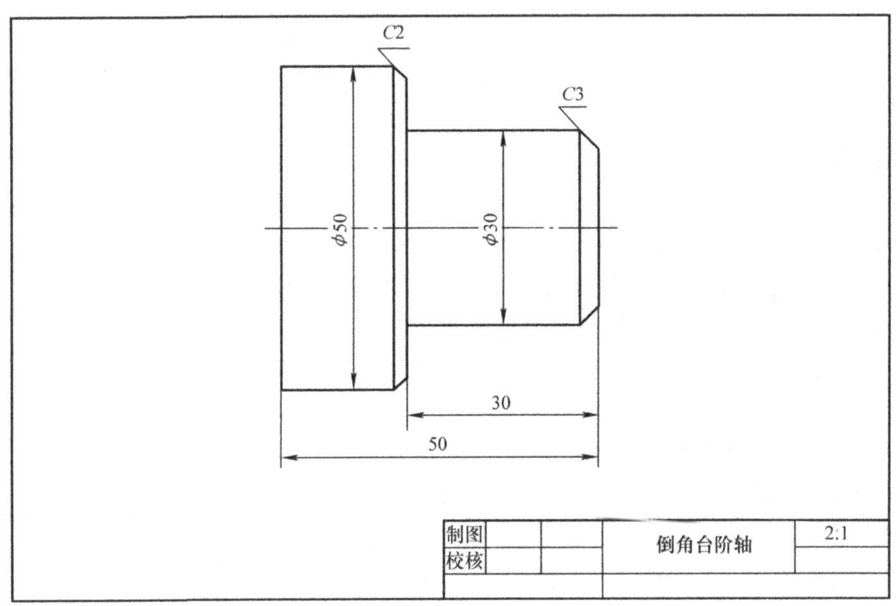

图 7-4 带倒角台阶轴

```
O0001;
T101;
M3 S800 G98 F100;
G0 X57 Z2;          (最大直径是50mm，需要使用直径为55mm的毛坯进行加工)
G71 U1 R1;
G71 P1 Q2 U0 W0;
    N1 G0 X24;      (24：30-3-3，倒角边长3 mm，使用大径减去6mm)
    G1 Z0;          (由Z2至Z0)
    X30 Z-3;        (由Z0至Z-3，倒角边长3mm)
    Z-30;
    X46;            (46：50-2-2，倒角边长2mm，使用大径减去4mm)
    X50 Z-32;       (由Z-30至Z-32，倒角边长2mm)
    Z-50;           (工件的尾部)
    N2 X57;         (毛坯直径是55mm，这一段使刀具远离毛坯)
G0 X150;            (X轴快速退刀)
```

Z200;　　　　　　（Z 轴快速退刀）

M30;　　　　　　（程序结束，执行光标跳至程序头，为加工下个零件做好准备）

7.3　圆锥

机械零件中带圆锥的零件在设备中属于常见的配合零件（图 7-5），圆锥配合对中性好，内、外圆锥体的轴线具有较高精度的同轴度，且能快速装拆，配合的间隙或过盈可以调整，密封性好。内、外圆锥的表面经过配对研磨后，配合起来具有良好的自锁性和密封性，应用十分广泛，如：数控车床的变径锥套（图 7-6），尾架套筒，各种规格的麻花钻等。

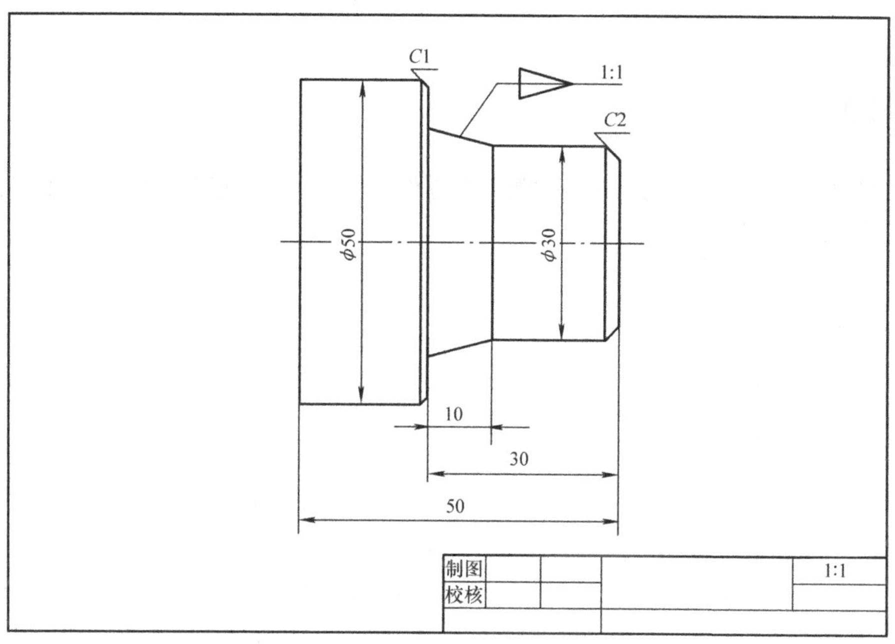

图 7-5　锥面零件图

注意：锥度计算公式 $(D-d)/L=$ 锥度比，已知三个条件后可求出另外一个值。

通过公式求得锥度大径：

$(D-d)/L=$ 锥度比

$(D-30)/10=1/1$

$D=40$

圆锥加工的程序：

G1 X40 Z-30 F100;

使用直线插补的方式进行圆锥轮廓程序的编制。

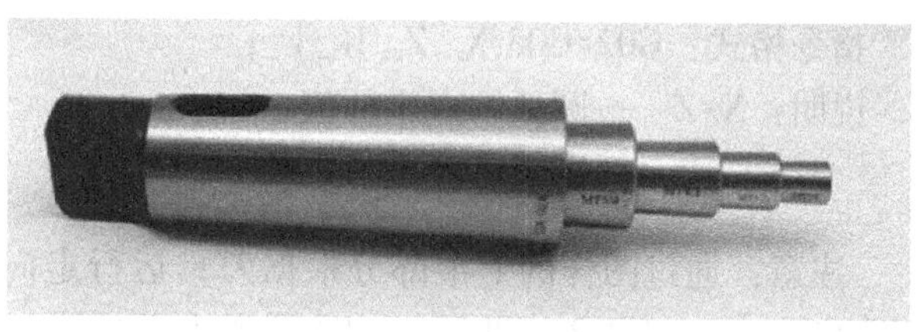

图 7-6　变径锥套

圆弧的加工

8.1 圆弧

倒圆与倒角有相似的功能，带有圆弧面的零件（图 8-1）有很多，比如：换档手柄、灯罩、奖杯等都需要车削加工。

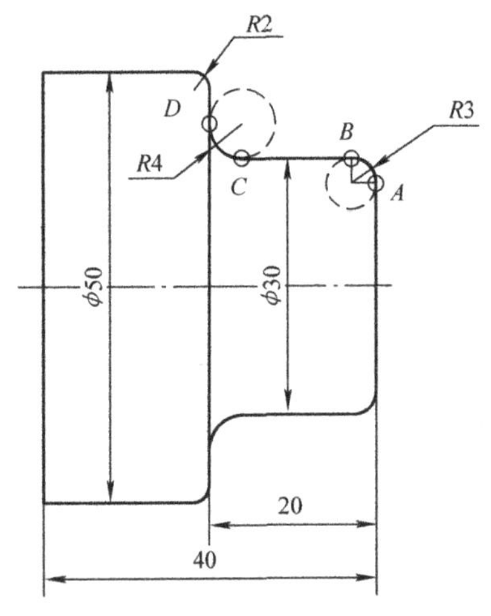

图 8-1 圆弧面零件图

A（24，0）：*X* 轴坐标值（30 − 3 − 3）

B（30，−3）

C（30，−16）：*Z* 轴坐标值 −（20 − 4）

D（38，−20）：*X* 轴坐标值（30 + 4 + 4）

> **注意**：倒圆（1/4 圆）同样会产生两个点，找点的方式与倒角相同。

8.2 圆弧指令

G02/G03——顺时针/逆时针圆弧插补。

指令格式：G02/G03 X_ Z_ R_ F_；

说明：X/Z——圆弧终点坐标值；

R——圆弧半径值。

> **注意**：通过图样的上半部分根据刀具运行走向判断使用 G02/G03（外圆圆弧顺逆判断小口诀——“凸 3，凹 2”）。*R*3 圆弧为逆时针，圆弧使用 G03 编写轮廓程序，*R*4 圆弧为顺时针，圆弧使用 G02 编写轮廓程序。

G02/G03 同样是模态代码，但不具备相通性，是两个完全独立的代码指令，当有多个连续的圆弧时要注意判断每个圆弧的方向。

8.3　带圆弧台阶轴的加工程序编制

带圆弧台阶轴（图 8-2）的加工程序如下：

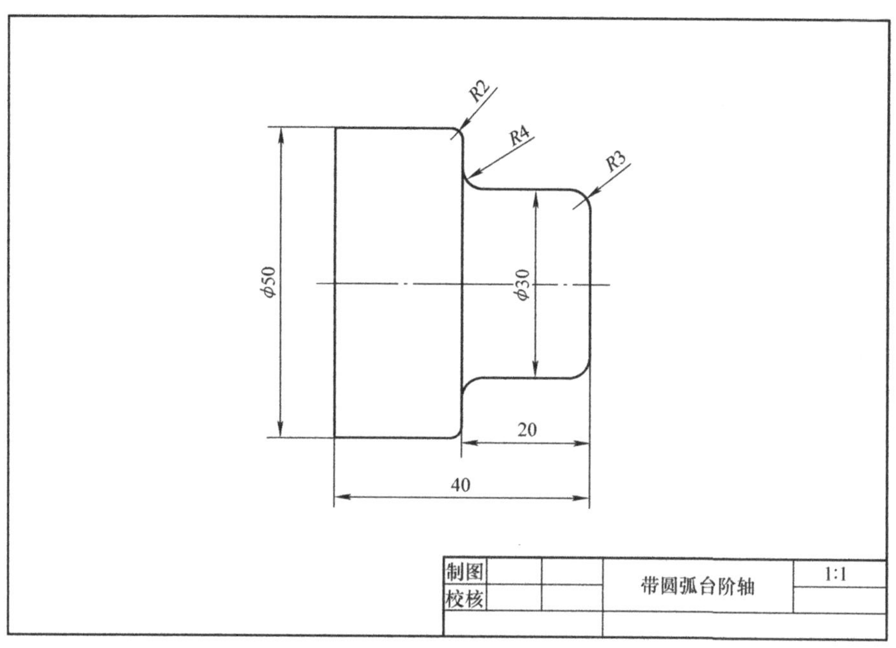

图 8-2　带圆弧台阶轴

```
O0001;
T101;
M3 S800 G98 F100;
G0 X57 Z2;              (毛坯 57 =55 +2 安全距离)
G71 U1 R1;
G71 P1 Q2 U0 W0;
    N1 G0 X24;          (X 轴坐标值 24 =30 -3 -3)
    G1 Z0;              (由 Z2 到 Z0)
    G3 X30 Z-3 R3;      (逆时针圆弧半径是 3mm)
    G1 Z-16;            (切换至 G01 加工直线)
    G2 X38 Z-20 R4;     (X 轴坐标值 =30 +4 +4 顺时针圆弧半径是 4mm)
    G1 X46;             (切换到 G01 加工直线)
    G3 X50 Z-22 R2;     (逆时针圆弧半径是 2mm)
    G1 Z-40;            (切换到 G01 加工直线)
```

N2 X 57；	（刀具离开工件）
G0 X150；	（X 轴快速退刀）
Z200；	（Z 轴快速退刀）
M30；	（程序结束，执行光标跳至程序头，为加工下个零件做好准备）

项目9 单调递减型面的加工

9.1 单调递减与单调递增

台阶轴属于单调递增型面（由小到大），与之相反的是单调递减型面（由大到小）。G71 指令无法胜任单调递减工件的加工，如果轮廓中出现单调递减的型面，加工程序将直接报错。要加工图 9-1 所示单调递减的工件，就要用到 G73 指令。

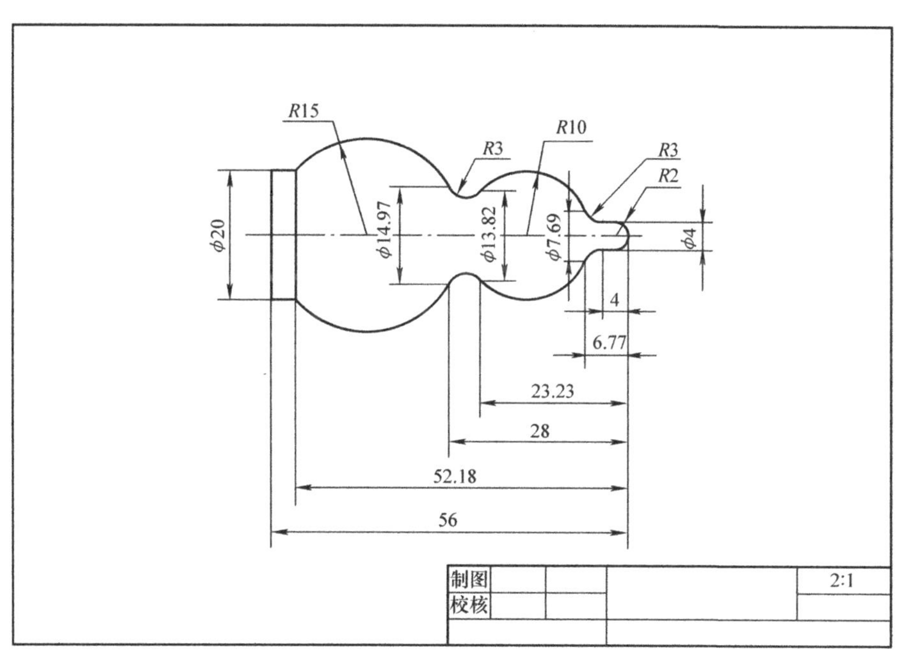

图 9-1　葫芦零件图

9.2 G73 固定形状粗车循环

G73——固定形状粗车循环（仿形粗车循环）。

指令格式：G73 U_ R_;

G73 P_ Q_ U_ W_ F_;

说明：U——最大半径与最小半径之差；

R——循环次数（车削次数）。

注意： G73 适合加工单调递减的型面，也适合加工单调递增的型面。U 的设定值为半径差一般计算方式，即（毛坯直径 - 最小直径）/2，而 R 为循环次数，如 U 为 15mm R 为 15，U/R 得出背吃刀量为 1mm。其他使用方式与 G71 相同，程序结构也相同。

G73 通过 U 值对工件轮廓进行整体的 *X* 轴方向偏移，根据走刀次数进行一次车削就可完成整个工件的粗加工。因为整体 *X* 轴偏移的问题，导致刀具路线部分是不做功状态，使用同样完整的毛坯车削加工工件时效率比 G71 要低，在加工类似形状（如锻件）时效率比 G71 高。

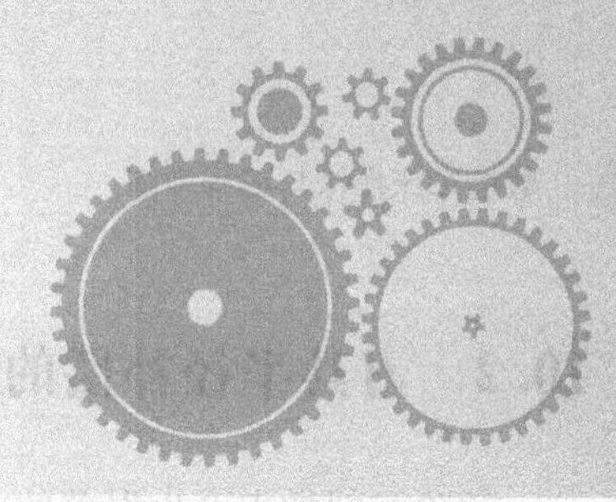

项目10 刀具半径补偿

10.1 刀具半径对加工的影响

车刀刀尖由于磨损或标准定制刀具的原因总有一个圆弧（车刀刀尖不可能是绝对尖的）。但是，编程是根据理想刀尖点（*A* 点）来描述刀具轨迹的。

车削外圆时，实际切削点是 *B* 点。由分析可知，*B* 点在水平方向与 *A* 点一致，因此车削外圆时刀尖圆弧对加工精度没有影响，如图 10-1 所示。

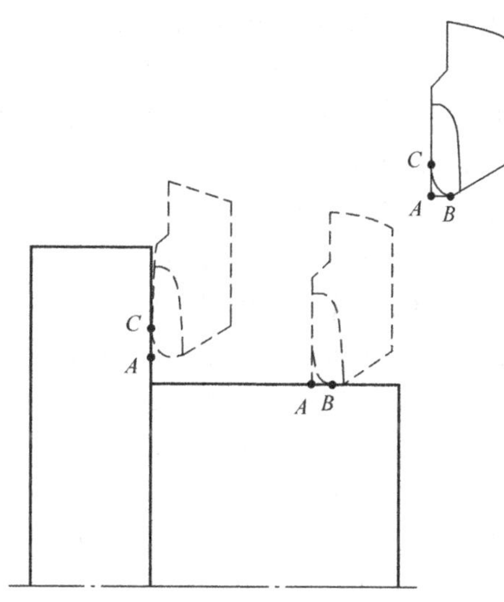

图 10-1　车削外圆和端面

车削端面时，实际切削点是 *C* 点，*C* 点在垂直方向与 *A* 点一致，因此车削端面时刀尖圆弧对加工精度也没有影响。

车削圆锥和圆弧面时，实际切削点并不是理想刀尖点 *A*。因此会造成“欠切”或“过切”现象，产生加工表面的几何误差，如图 10-2 所示。

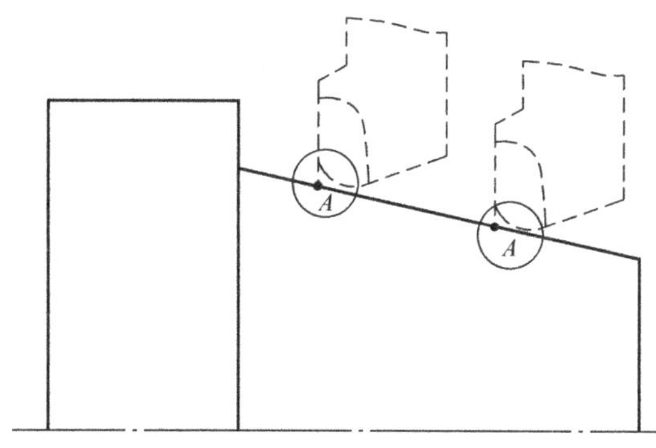

图 10-2　车削锥面

10.2 刀具半径补偿的程序编制

消除车削加工产生误差的方法主要是采用刀具半径补偿功能。

编程时只需按工件轮廓进行，执行刀具半径补偿后，刀具自动补偿误差值，从而消除了刀尖圆弧半径对工件形状和尺寸的影响。

G41——刀尖圆弧半径左补偿。

G42——刀尖圆弧半径右补偿。

G40——取消刀尖圆弧半径补偿。

指令格式：G40/G41/G42 G0 X_ Z_;

对应每个刀具补偿号，都有一组偏置量 X、Z，刀尖圆弧半径补偿量 R 和刀尖方位号 TIP。刀尖圆弧半径 R 值和刀尖方位号通过操作面板上的 OFSSET 参数设置。在程序中使用 G41/G42/G40 指令进行刀尖圆弧半径补偿，如图 10-3 所示。

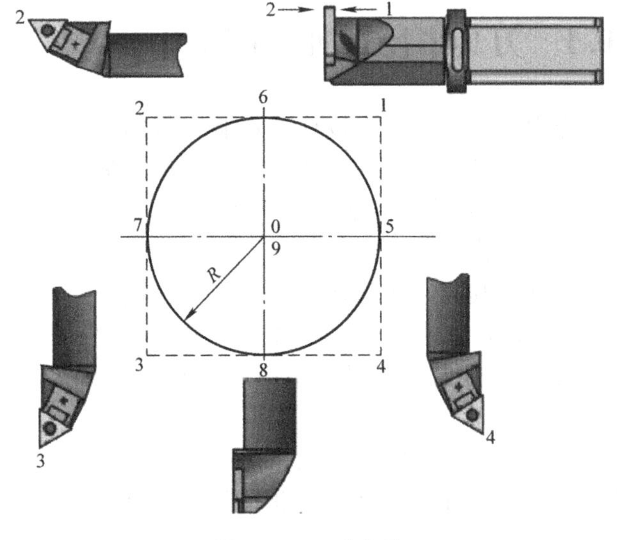

图 10-3　刀尖方位

G41、G42、G40 指令不能与圆弧切削指令写在同一个程序段内，但可以与 G00、G01 指令写在同一程序段内，即通过直线运动来建立或取消刀具补偿。在调用新刀具前或更改刀具补偿方向时，必须先取消前一个刀具补偿，避免产生加工误差。

在 G41 或 G42 程序段后面加 G40 程序段，便可以取消刀尖圆弧半径补偿。

程序的最后必须以取消偏置状态结束，否则刀具不能在终点定位，而是停在与终点位置偏移一个矢量的位置上。

G41、G42、G40 是模态代码。

在 G41 方式中，不要再指定 G42 方式，否则补偿会出错；同样，在 G42 方式中，不要再指定 G41 方式。

在使用 G41 和 G42 之后的程序段中，不能出现连续两个或两个以上的不移动指令，否则 G41 和 G42 指令会失效。

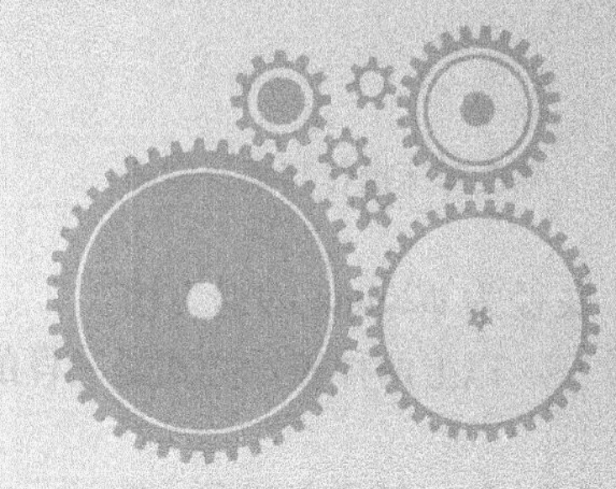

项目11 退刀槽的仿真加工

11.1 退刀槽

在车床加工中，如车削内孔和螺纹时，为便于退出刀具并可车削到工件底部，常在待加工面末端，预先制出退刀的空槽。车螺纹的时候，工件旋转和车刀的轴向进给是机械联动的，当车到尾部时，车刀径向退出，此时工件仍在旋转，车刀仍在轴向进给，故而有一段没用的螺纹尾部。很多情况下，不希望有这段尾部，于是就在车螺纹之前将螺纹尾部的那一段车出一个槽，这个槽的直径小于螺纹小径，长度足够将车刀退出，这个槽就叫退刀槽（图11-1）。

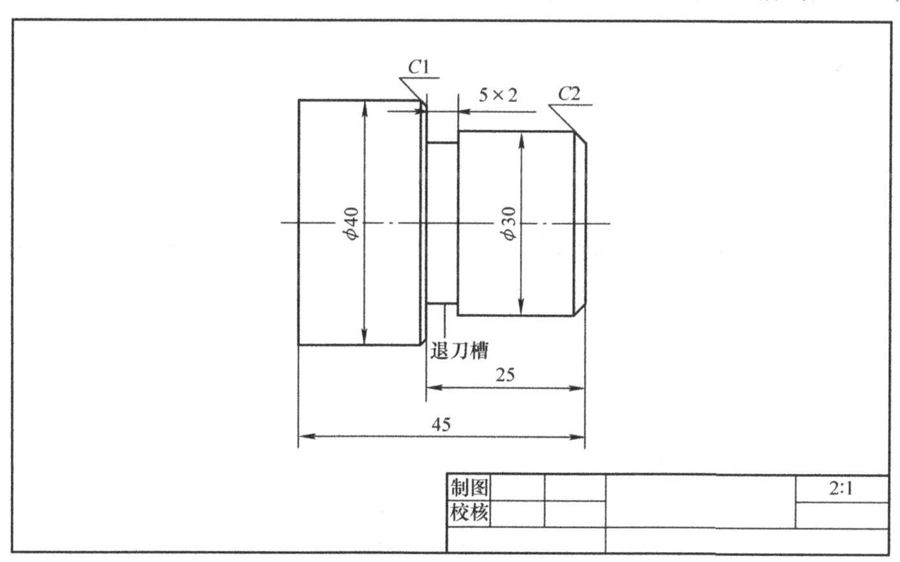

图11-1 退刀槽

> **注意**：首先要将工件的外圆加工出来之后再进行退刀槽的加工。编制外圆程序时可忽略退刀槽。

1）退刀槽的表示方法一般为槽宽×槽深（单边的深度），如5×2表示要加工一个宽度为5mm，深度为2mm的退刀槽。

2）退刀槽的另一种表示方法为槽宽×槽底径，如5×ϕ26表示要加工一个宽度为5mm、

底径为 ϕ26mm 的退刀槽。

以上两种表示方式是一样的，都可以进行退刀槽的标识。我们可按此标注对槽进行加工。

11.2 外圆面加工

外圆面加工前要定义毛坯（图 11-2）和选择切槽刀具，其加工程序如下：

```
O0001;
T101;
M3 S800 G98 F100;
G0 X47 Z2;
G71 U1 R1;
G71 P1 Q2 U0 W0;
    N1 G0 X26;
    G1 Z0;
    X30 Z-2;
    Z-25;（忽略退刀槽）
    X38;
    X40 W-1;
    Z-45;
    N2 X47;
G0 X150;
Z200;
M30;
```

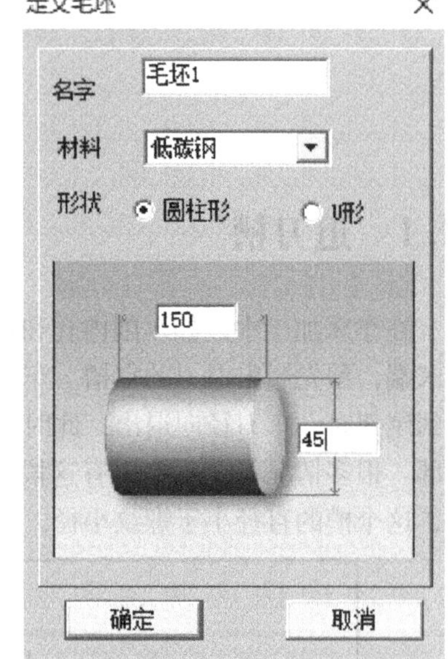

图 11-2　定义毛坯

> **注意**：加工外圆面前要提前选择好刀具并将刀具提前对好。选用与槽同样宽的切槽刀具，如图 11-3 所示。

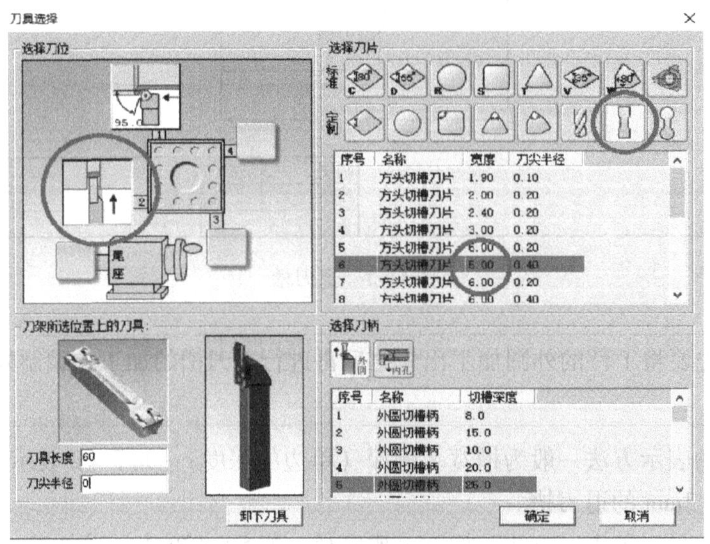

图 11-3　选择切槽刀具

11.3　切槽刀的对刀

当外圆车刀对刀完成后退出刀具，远离工件，使用 MDI 的方式进行换刀，如图 11-4 所示。

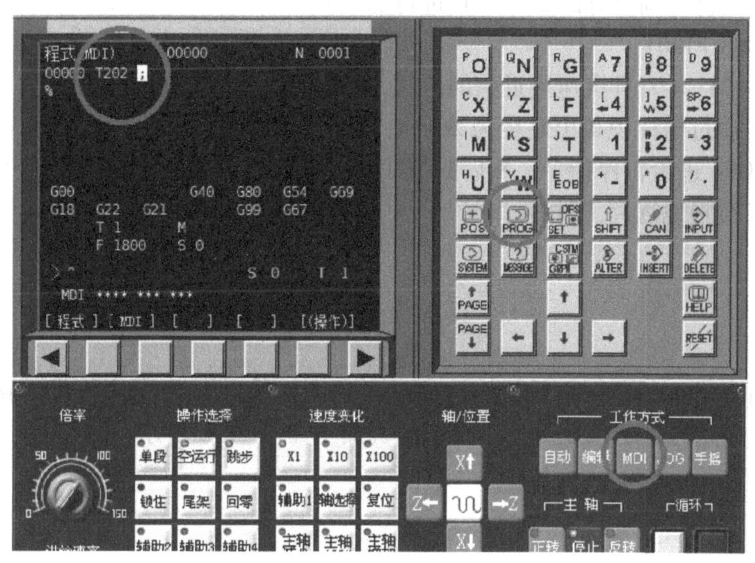

图 11-4　MDI 换刀

加载 2 号刀具切槽刀具的刀补之后，使用与外圆刀同样的方式对工件进行试切、记录数据并进行对刀，对刀的数据应该输入至切槽刀具的刀补中，如图 11-5 所示。

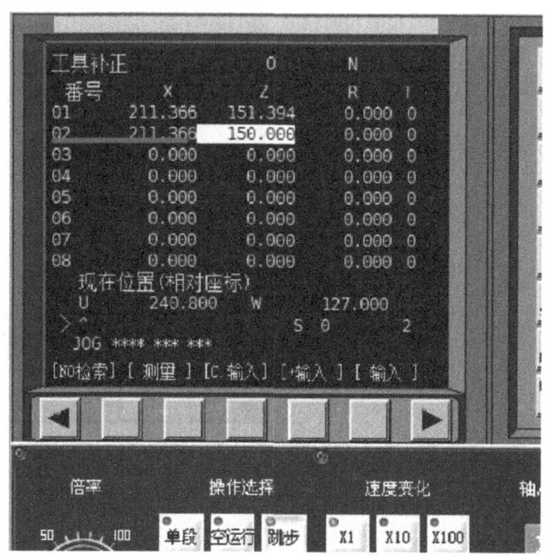

图 11-5　切槽刀具的刀补设定

11.4　退刀槽的加工程序编制与仿真加工

外圆退刀槽的加工程序如下：

O0002；（使用2号程序对退刀槽进行加工）

T202；（使用已经调整好的2号刀具进行加工）

M3 S800 G98 F100；

G0 X42 Z－25；（刀具快速接近槽的位置，*X*方向留有2mm的安全距离）

G1 X26；（通过槽标识得出底径为26mm，使用直线插补缓慢进行槽的车削）

G4 X1；（G04进给暂停指令，X后的值代表暂停的秒值，停1s对槽底进行修整）

G1 X42；（缓慢地远离工件）

G0 X150；

Z200；

M30；

> **注意**：编写完退刀槽程序后使用程序导入功能，输入O0002将槽程序接收，并自动运行完成外圆上退刀槽的加工。退刀槽的仿真加工如图11-6所示。

G04——进给暂停。

指令格式：G04 X_；

　　　　　G04 P_；

说明：X后的值代表秒值（常用的是这种方式）；

P后的值代表毫秒值（对于高要求的这种方式比较适合）。

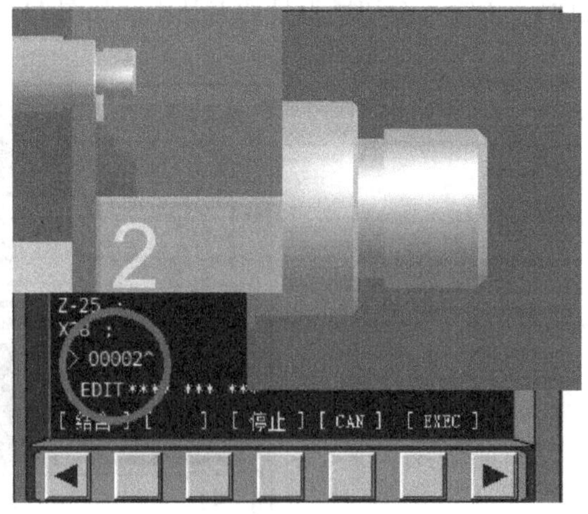

图11-6　退刀槽的仿真加工

项目12 外螺纹的加工

12.1 螺纹的用途

螺纹按其用途可分为连接螺纹和传动螺纹。螺纹零件及车螺纹刀具如图 12-1 所示。

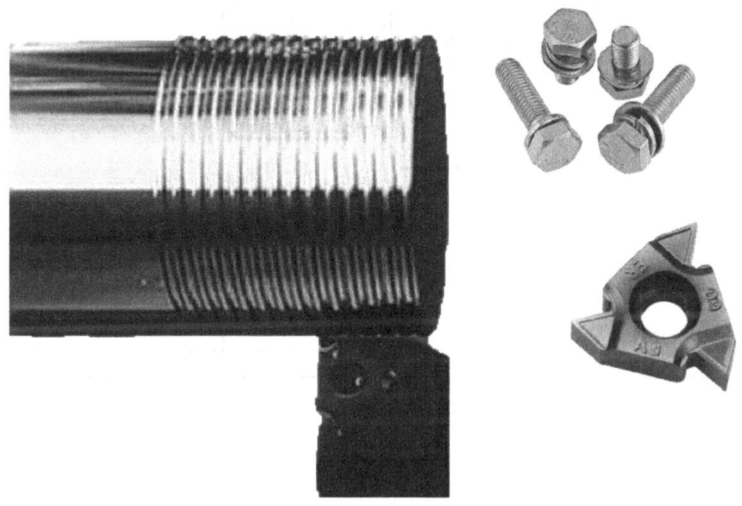

图 12-1 螺纹零件及车螺纹刀具

（1）连接螺纹　主要起连接和调整的作用。

1）普通螺纹：牙型角为 60°，又分为粗牙螺纹和细牙螺纹两种，代号为 M。

2）管螺纹：牙型角为 55°，常用于水、气、油管等有密封要求的场合。

（2）传动螺纹　主要用于传递运动和动力。

1）梯形螺纹：牙型角为 30°，牙型为等腰梯形，代号为 Tr，是传动螺纹的主要形式，如机床、丝杠等。

2）矩形螺纹：主要用于传递力，其特点是传动效率较其他螺纹高，但精度制造困难且磨损后难以修复，因此应用受到一定限制。

3）锯齿形螺纹：其牙型为锯齿形，代号为 B。只用于承受单向动力，由于其传动效率及强度比梯形螺纹高，常用于螺旋压力机及水压机等单向受力的机构。

4）模数螺纹：即蜗杆螺纹，其牙型角为40°，具有传动比大、结构紧凑、传动平稳、自锁性能好等特点，主要用于减速装置。

12.2 外螺纹的加工程序编制

G92——螺纹车削循环。

指令格式：G92 X_ Z_ F_;

说明：X/Z——螺纹的终点坐标值；

F——螺距。

螺纹计算公式：螺纹小径 = 螺纹大径 - 1.3 × 螺距（$d = D - 1.3P$）

图12-2所示螺纹的加工程序如下：

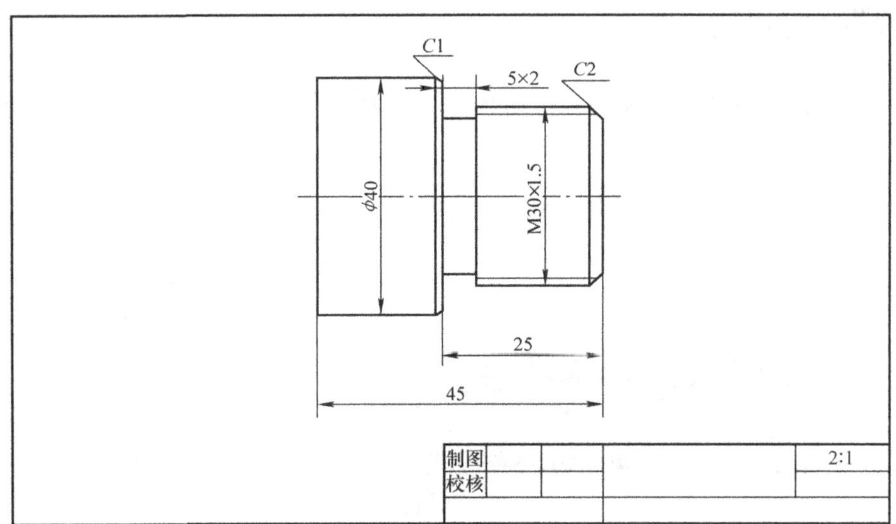

图12-2 螺纹零件

```
O0001;
T303;
M3 S800 G99;            （每转进给方式为1.5mm/r，即螺距为1.5mm）
G0 X32 Z2;              （安全距离2mm，G92指令的循环起始点）
G92 X29 Z-20 F1.5;      （G92每次车削自动退刀）
X28.05;                 （通过公式计算螺纹小径为28.05mm）
X28.05;                 （再次车削进行修整）
G0 X150;
Z200;
M30;
```

注意： M30×1.5表示该螺纹为普通三角形螺纹，公称直径为30mm，螺距（P）为1.5mm。加工螺纹前要将外圆、退刀槽先加工完成，最后加工螺纹。

综合仿真加工

13.1 加工程序编制

图 13-1 所示零件的外圆加工程序如下：

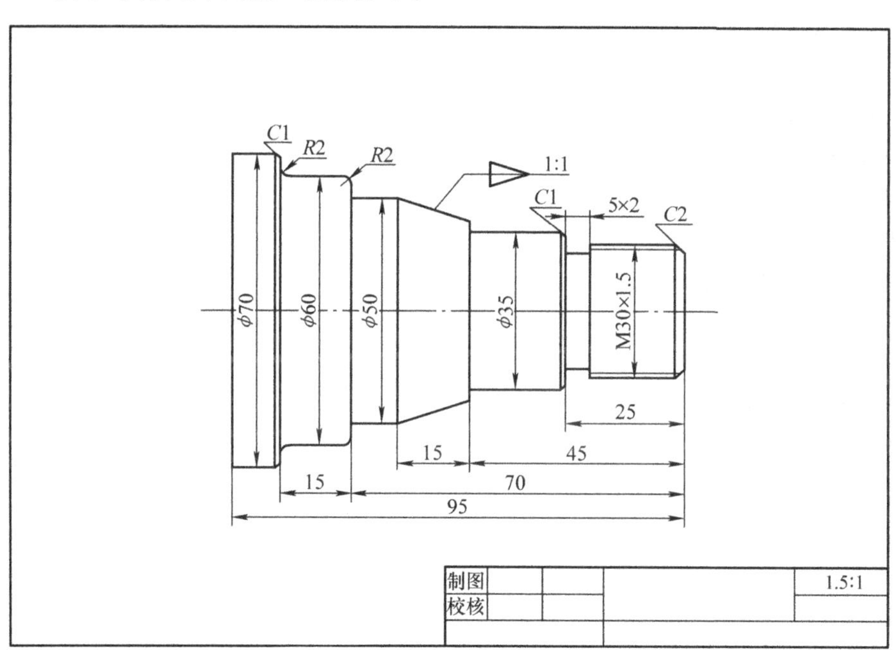

图 13-1 综合零件

```
O0001;
T101;
M3 S800 G98 F100;
G0 X77 Z2;
G71 U1 R1;
G71 P1 Q2 U0 W0;
    N1 G0 X26;
```

```
    G1 Z0;
    X30 Z-2;
    Z-25;
    X33;
    X35 W-1;
    Z-45;
    X40;
    X50 W-15;
    Z-70;
    X56;
    G2 X60 W-2 R2;
    G1 Z-83;
    G2 X64 Z-85 R2;
    G1 X68;
    X70 W-1;
    Z-95;
    N2 X77;
G0 X150;
Z200;
M30;
```

外圆退刀槽加工程序如下：

```
O0002;
T202;
M3 S800 G98 F100;
G0 X37 Z-25;
G1 X26;
G4 X1;
X37;
G0 X150;
Z200;
M30;
```

外螺纹加工程序如下：

```
O0003;
T303;
M3 S800 G99;
G0 X32 Z2;
G92 X29 Z-21 F1.5;
X28.5;
X28.2;
```

```
X28.05;
X28.05;
G0 X150;
Z200;
M30;
```

13.2 仿真加工

仿真加工的准备操作：选择机床，启动系统，打开急停按钮，单击回零按钮（先回 X，再回 Z），取消回零。

1）根据图样要求选择工件毛坯并装夹，如图 13-2 所示。

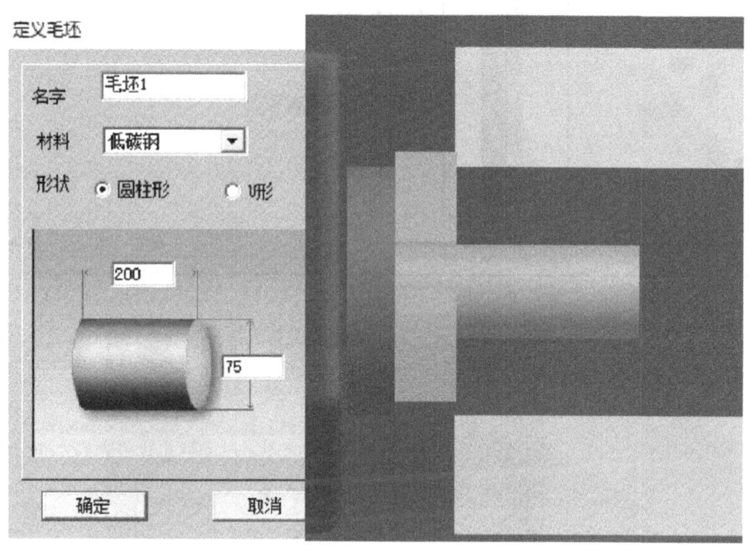

图 13-2 定义毛坯

注意：毛坯定义为直径为 ϕ75mm 长 200mm 的圆柱，足够加工，在装夹毛坯的时候无须调整，方便之后更换毛坯装夹在同一个位置，避免再次对刀。

2）选择外圆车刀、切槽刀、外螺纹车刀，分别放置在 T1、T2、T3 的位置与程序对应，如图 13-3 所示。

3）使用试切法将 3 把刀具进行对刀，分别将数据记录在 01、02、03 形状数据中，与程序对应，并设定刀补，如图 13-4 所示。

4）在编辑状态下将 3 个程序分别传入仿真机床中。分别检索 O0001、O0002、O0003 程序进行自动加工，如图 13-5 所示。

刀具选择
选择刀位
95.0
尾
座
选择刀片
标准
定制
序号 名称 刀尖角度 刃长 刀尖半径
1 60度螺纹刀 60.00 11.00 0.00
2 60度螺纹刀 60.00 7.00 0.00
3 60度螺纹刀 60.00 3.00 0.00
4 梯形螺纹刀 30.00 11.00 0.00
5 梯形螺纹刀 30.00 7.00 0.00
6 梯形螺纹刀 30.00 3.00 0.00
刀架所选位置上的刀具:
刀具长度 60
螺距 0
选择刀柄
外圆
内孔
序号 名称
1 外螺纹柄
卸下刀具
确定
取消

1
4
2
3

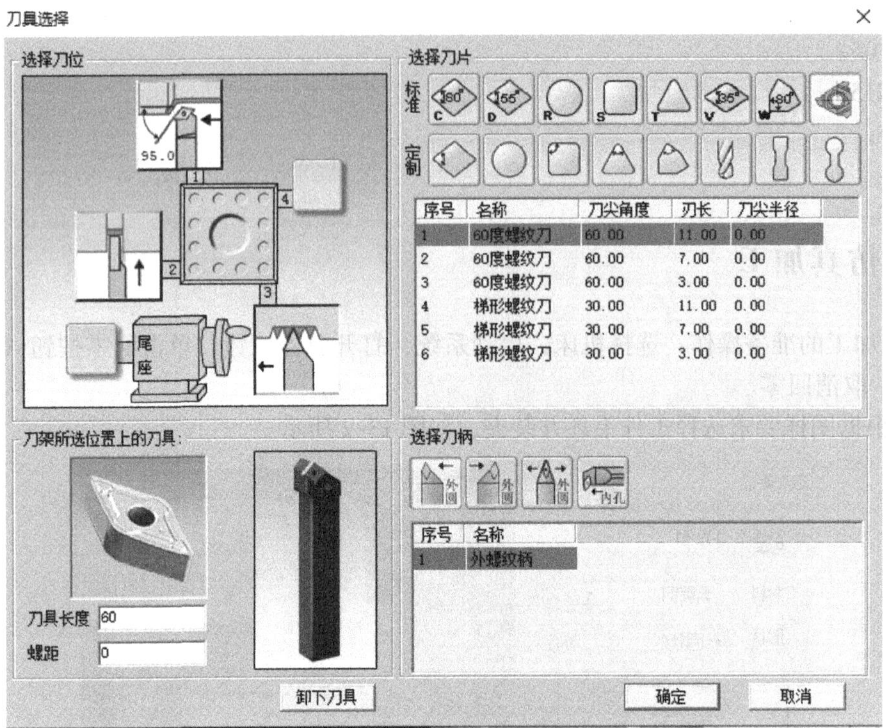

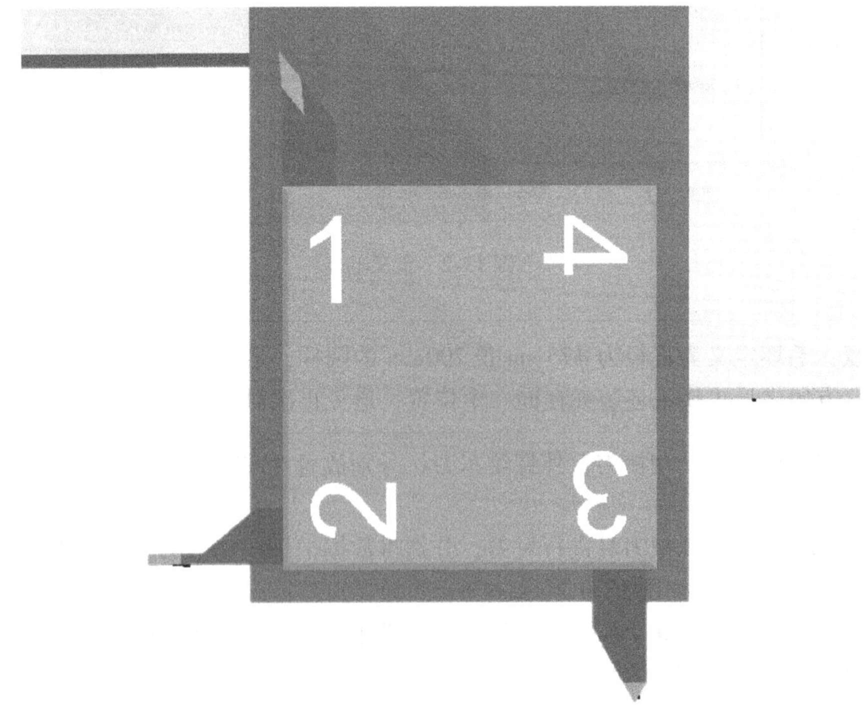

图 13-3　刀具选用

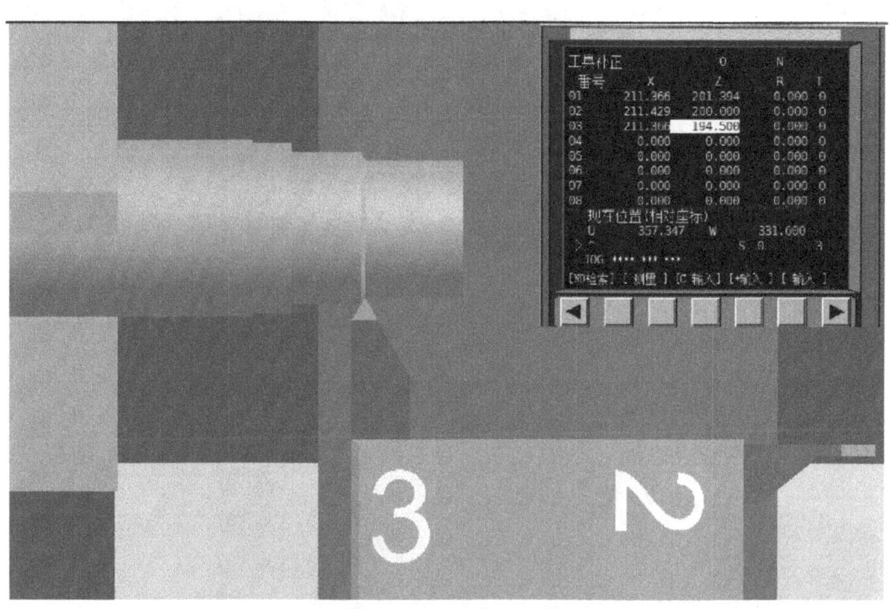

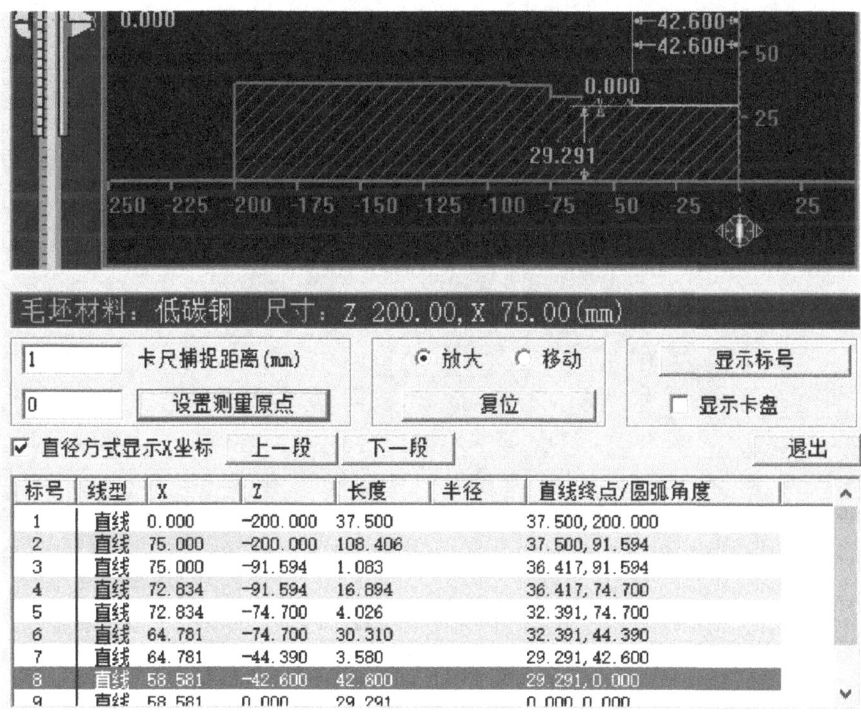

图 13-4 对刀和设定刀补

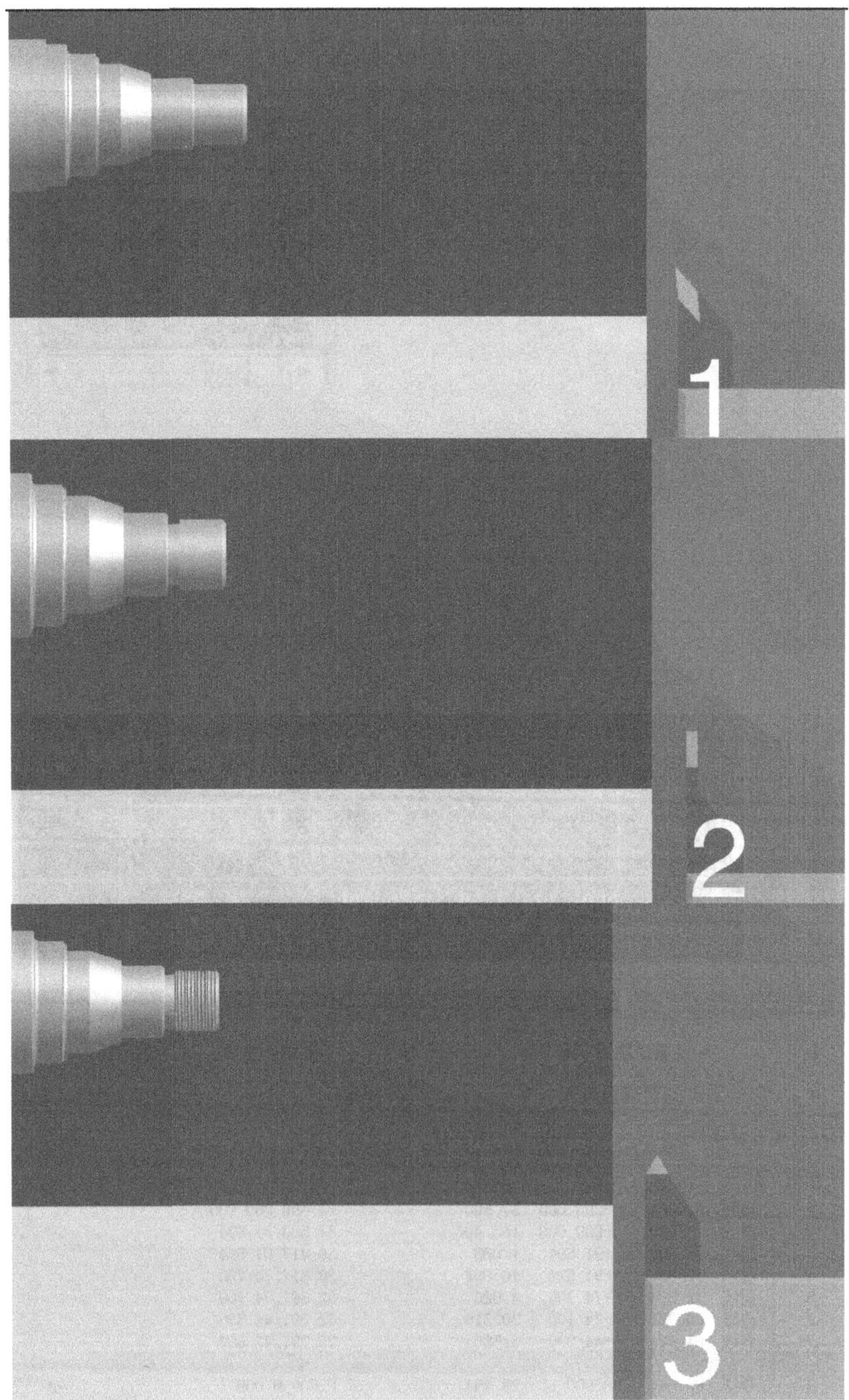

图 13-5　程序仿真加工

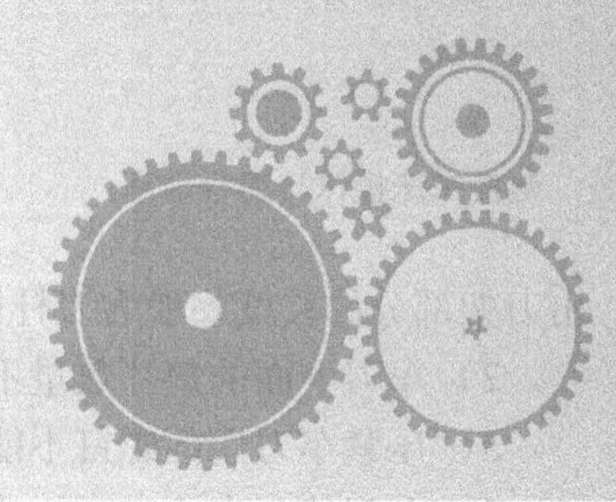

项目14 外圆与端面的加工

14.1 外圆的车削工艺

外圆的车削分为粗车、半精车、精车三个过程。

粗车：只需尽快去除各表面多余的部分，同时给各表面留出一定的精车余量即可。一般采用吃刀量深、进给量大、较低转速进行切削，车刀要求有足够的强度、刚度和寿命。

精车：使工件获得准确的尺寸和规定的表面粗糙度。车刀要求锋利，切削刃平直光洁，切削时必须使切屑排向工件待加工表面侧，如图 14-1 所示。

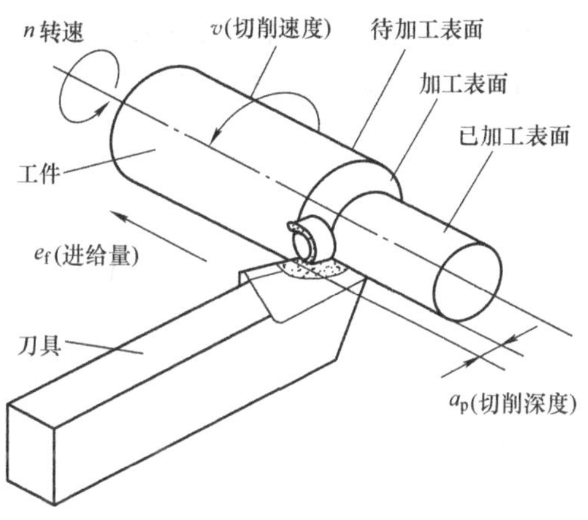

图 14-1　刀具车削加工面

14.2 端面的车削工艺

用右偏刀（90°）车削端面时，背吃刀量不能过大。通常情况下，是使用右偏刀的副切削刃对工件端面进行切削，当切削深度过大时，向车床床头方向的切削力（F）会使车刀扎入端面而形成凹面，如图 14-2 所示。主偏角不能小于 90°，否则会使端面的平面度超差，或者在车削台阶端面时造成台阶端面与工件轴线不垂直的现象。通常在车削端面时，右偏刀的主偏角应在 90°～93°范围内。

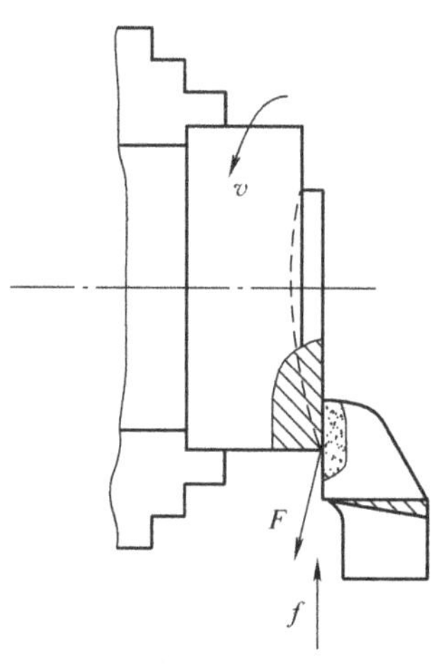

图 14-2　车削端面

14.3 外圆车刀与端面车刀的安装

车刀的安装将直接影响切削能否顺利进行和工件的加工质量。车刀安装时要注意以下几点：

1）车刀的伸出长度不宜过长。通常车削外圆时，车刀伸出刀架部分的长度一般为刀杆厚度的 1 ~5 倍为宜。

2）车刀下面的垫片数量不宜过多，垫片要平整，并应与刀架前端对齐。

3）压紧车刀用的螺钉不能少于两个，并逐个拧紧。

4）车刀的刀尖不宜高于或低于工件的回转中心。

5）刀杆不能歪斜。应使刀杆中心线与车床主轴轴线垂直，如图 14-3 所示。

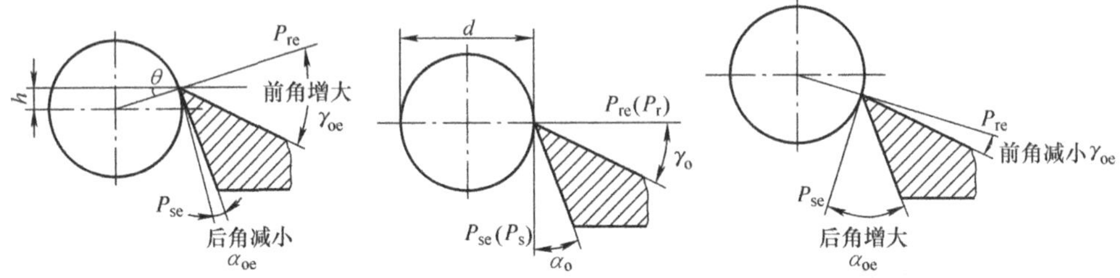

图 14-3　刀尖与工件不等高时的前后角变化

车削端面时，要确保车刀的刀尖对准工件的回转中心。否则会出现端面上形成凸起或者刀尖崩碎现象，如图 14-4 所示。

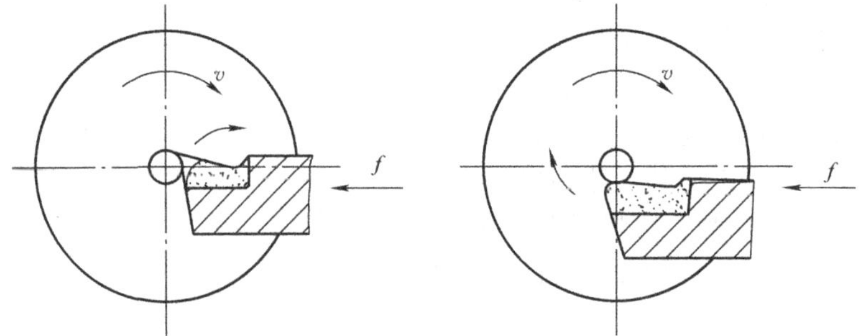

图 14-4　刀尖不对准工件旋转中心

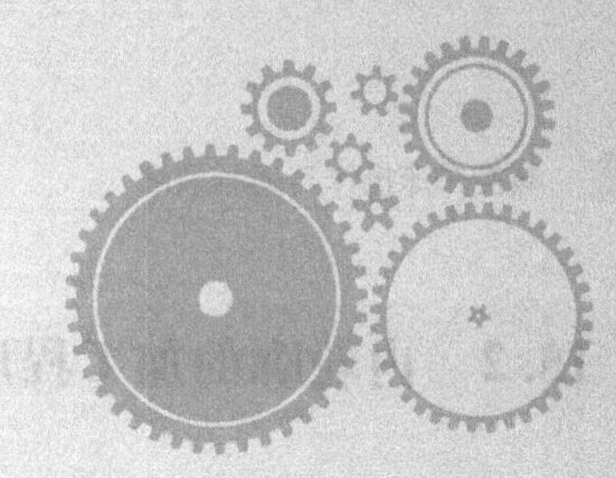

内轮廓的加工

15.1 底孔的加工

在加工内轮廓的时候，首先要进行底孔的加工，确保内孔车刀不发生干涉后，方可进行内轮廓的加工，如图 15-1 所示。

内轮廓底孔需要先使用中心钻钻中心孔，再使用麻花钻进行钻孔。麻花钻直径要选择比内轮廓最小孔径小 2mm 的。

> **注意**：麻花钻的材料为高速钢，韧性好，刚性差，在钻孔的过程中容易发生形变导致钻削尺寸偏大，所以不能选择与最小孔径相同尺寸的麻花钻。

在仿真加工时可以对毛坯进行定义，选择 U 形毛坯，对底孔进行设置，如图 15-2 所示。

> **注意**：底孔的长度要比内轮廓实际深度大 1mm，如果选择相同的尺寸在仿真加工时，仿真软件会判断因车削量过大而报错。

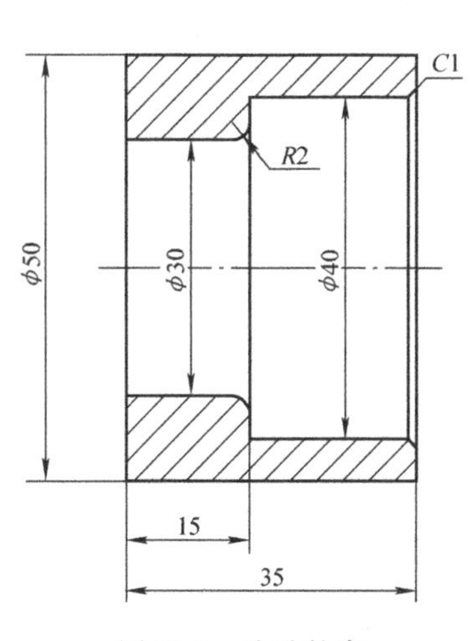

图 15-1　内孔轮廓

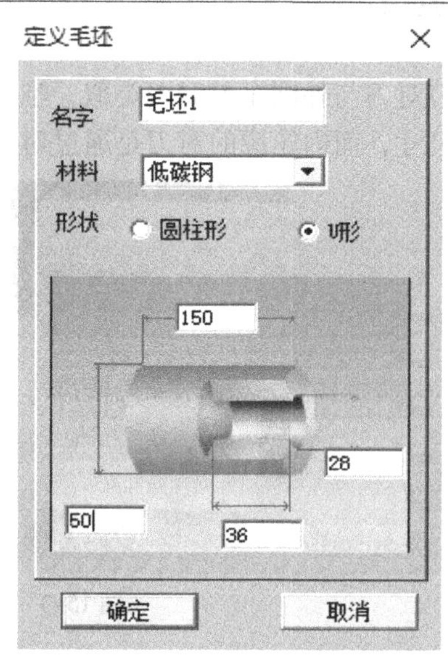

图 15-2　定义毛坯底孔

15.2 内轮廓的加工程序示例

```
O0001;
T101;
M3 S800 G98 F100;          (加工内轮廓时底孔直径为28mm，快速定位至X轴26mm处)
G0 X26 Z2;
/G71 U1 R1;                (G71 指令会自动根据轮廓程序判断是内孔还是外圆)
/G71 P1 Q2 U0 W0;
    N1 G0 X42;
    G1 Z0;
    X40 Z-1;
    Z-20;
    X34;
    G2 X30 Z-22 R2;    (圆弧顺时针车削使用G02指令。判别小技巧："凸" 2，"凹"
    G1 Z-36; 3,        与外圆正好相反)
    N2 X26;
G0 Z200;
M30;
```

注意：

1. 退刀时禁止退 X 轴，刀具在内孔中，快速定位退 X 轴将导致安全事故发生。
2. 外圆由大到小，内孔由小到大。

15.3 内孔车刀对刀

内孔车刀对刀与外圆车刀对刀类似，唯一不同的地方是外圆车刀试切法对刀是进行外圆的车削测量尺寸，而内轮廓的对刀是通过对底孔进行试切测量尺寸来确定，如图15-3所示。

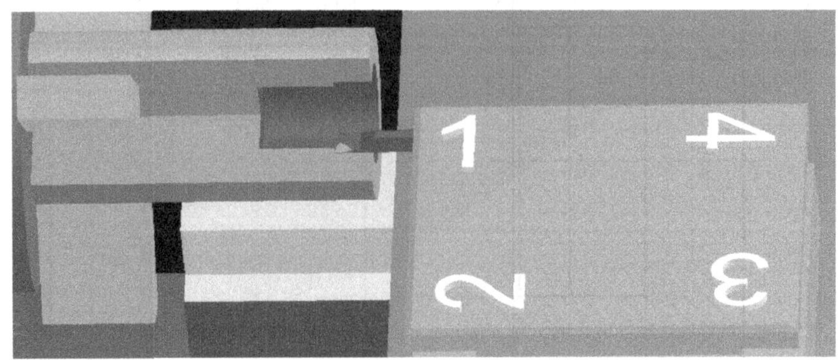

图15-3 内孔车刀对刀

项目16

盘类零件的加工

16.1 G72端面粗车复合循环（轴向粗车循环）

端面粗车复合循环指令G72——适合切除棒料毛坯的大部分加工余量，主要用于对轴向尺寸要求比较高，径向尺寸大于轴向尺寸的毛坯工件进行粗车循环。

指令格式：G72 W（Δd） R（e）；

G72 P（ns） Q（nf） U（Δu） W（Δw） F（f）；

说明：C点——粗车循环起刀点；

A点——毛坯外圆与端面轮廓的交点；

Δw——轴向精加工余量；

Δu——径向精加工余量；

Δd——背吃刀量；

e——轴向退刀量。

该循环根据编程参数，以阶梯轨迹法自动实现轮廓粗加工，并在最后一刀沿轮廓表面留均匀的加工余量，如图16-1所示。

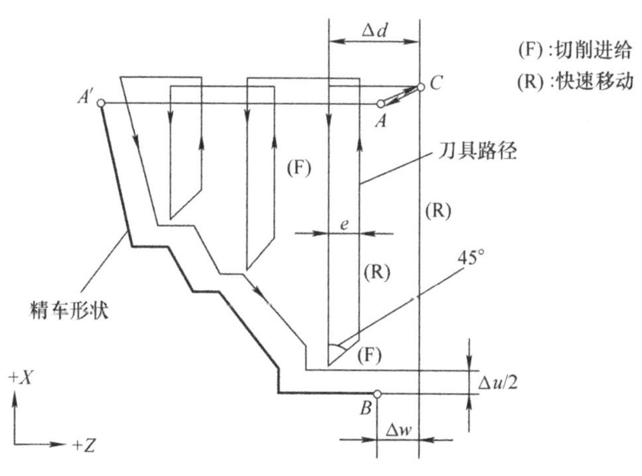

图16-1 刀路轨迹

> **注意**：G72 循环前的定位点必须是毛坯以外并且靠近工件毛坯的点，因为该点会被系统计算加工毛坯的大小，即从该点起开始粗加工零件。

应用 G72 循环粗加工时，精加工轮廓程序起始段必须是 *Z* 轴单方向运动，不可以有 *X* 轴动作，否则报警，程序不能执行；轮廓形状在平面构成轴（*X* 轴、*Z* 轴）方向上必须是单调增加或单调减小。

16.2　恒线速和恒转速切削指令

指令格式：G96 S_；

　　　　　G97 S_；

说明：G96——恒线速（S 表示切削速度），使用 G50 S_配合限制最高转速；

　　　G97——恒转速（S 表示主轴转速，若 G97 后不指定 S，默认为前面已经指定的转速）。

车削直径变化较大的工件，由公式 $v_c = n\pi d/1000$ 可知，切削速度与工件直径的大小成反比关系。要控制均匀的表面质量，应该使用恒线速功能加工，这样可以自动实现大直径时低转速，小直径时高转速加工的功能，从而得到均匀的表面质量。

16.3　盘类零件加工程序示例

盘类零件（图 16-2）的加工程序如下：

```
O0001;
T101;
M3 S800 G98 F100;
G96 S200;（恒线速）
G50 S1200;（限制最高转速）
G0 X102 Z2;
/G72 W1 R1;
/G72 P1 Q2 U0 W0;
    N1 G0 Z-11;
    G1 X100;
    X98 Z-10;
    X50;
    Z-2;
    X46 Z0;
    N2 X102;
G0 X150;
Z200;
M30;
```

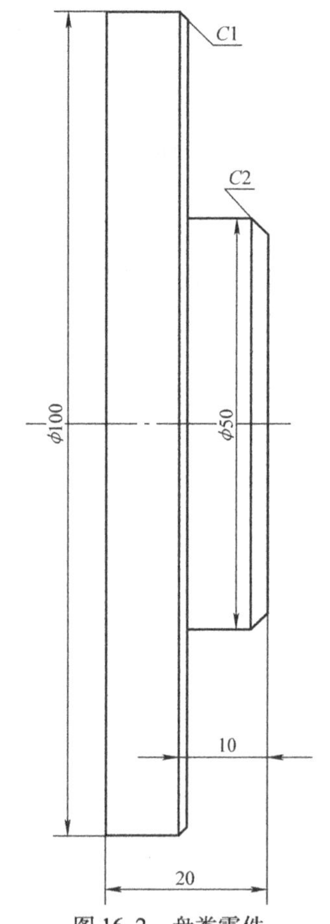

图 16-2　盘类零件

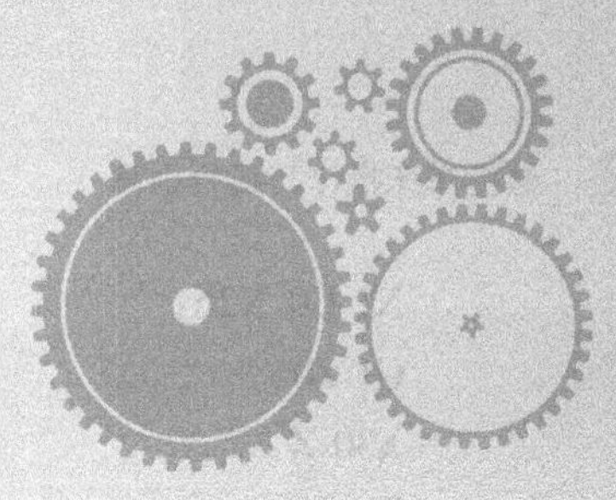

项目17

双头零件的加工程序示例

编程加工图 17-1 所示双头零件。

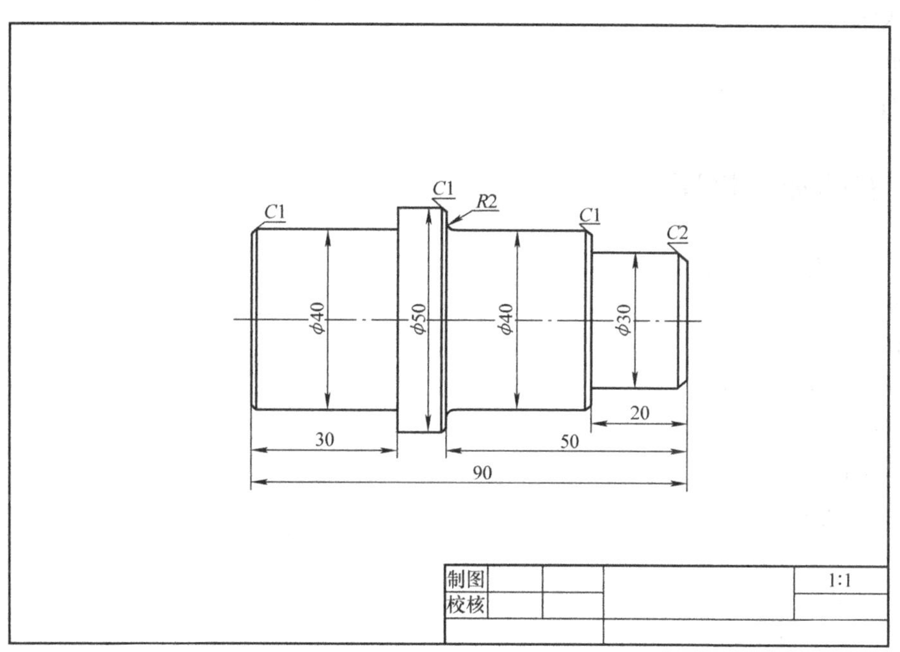

图 17-1　双头零件

17.1　左端加工程序

双头零件左端的加工程序如下：

```
O0001;
T101;
M3 S800 G98 F100;
G0 X57 Z2;
/G71 U1 R1;
/G71 P1 Q2 U0 W0;
```

```
    N1 G0 X26;
    G1 Z0;
    X30 Z-2;
    Z-20;
    X38;
    X40 Z-21;
    Z-48;
    G2 X44 Z-50 R2;
    G1 X48;
    X50 Z-1;
N2 X57;
G0 X150;
Z200;
M30;
```

17.2 右端加工程序

双头零件右端的加工程序如下：

```
O0001;
T101;
M3 S800 G98 F100;
G0 X57 Z2;
/G71 U1 R1;
/G71 P1 Q2 U0 W0;
    N1 G0 X38;
    G1 Z0;
    X40 Z-1;
    Z-30;
    X49;
    X50 Z-30.5;（锐边去毛刺）
    Z-42;
    N2 X57;
G0 X150;
Z200;
M30;
```

注意：

1. 外圆 50mm 处的 2mm 延长，可方便“接刀”，不留毛刺。
2. 加工右端调头装夹时，要考虑左端延长处，避免刀具切削卡盘。

17.3　保证工件总长

调头装夹，粗略测量总长度，使用90°外圆车刀车平端面，对总长度进行精确测量。使用 POS 功能使 Z 轴归零，保留 0.5mm 的加工余量。对总长度进行精确测量，Z 轴归零，车削端面保证总长度，车削端面的转速为 800～1000r/min，背吃刀量不超过 1.5mm，保证总长度后紧接着重新对刀，如图 17-2 所示。

图 17-2　Z 轴归零

项目18 CAM软件编程

18.1 CAM 软件介绍

CAM（Computer Aided Manufacturing，计算机辅助制造）主要是指：利用计算机辅助完成从生产准备到产品制造整个过程的活动，即通过直接或间接地把计算机与制造过程和生产设备相联系，用计算机系统进行制造过程的计划、管理以及对生产设备的控制与操作的运行，处理产品制造过程中所需的数据，控制和处理物料（毛坯和工件等）的流动，对产品进行测试和检验等。

CAXA 数控车是在全新的数控加工平台上开发的数控车床加工编程和二维图形设计软件。

CAXA 数控车具有 CAD 软件的强大绘图功能和完善的外部数据接口，可以绘制任意复杂的图形，可通过 DXF、IGES 等数据接口与其他系统交换数据。软件提供了功能强大、使用简洁的轨迹生成手段，可按加工要求生成各种复杂图形的加工轨迹。通用的后置处理模块使 CAXA 数控车可以满足各种机床的代码格式，输出 G 代码，并对生成的代码进行校验及加工仿真。

18.2 图形绘制

使用 CAXA 绘制图 18-1 所示图形。

1）使用孔/轴功能，绘制工件外形（设定尺寸后，单击鼠标右键进行下一步绘制），如图 18-2 所示。

2）使用过渡功能绘制图形的倒角、倒圆（只画上半部分），如图 18-3 所示。

3）使用裁剪功能与删除功能对图形进行修整，留取图形的上半部分（删除功能→选择线框右击进行删除），如图 18-4 所示。

4）使用延长功能与直线功能为图形加入毛坯线框，如图 18-5 所示。

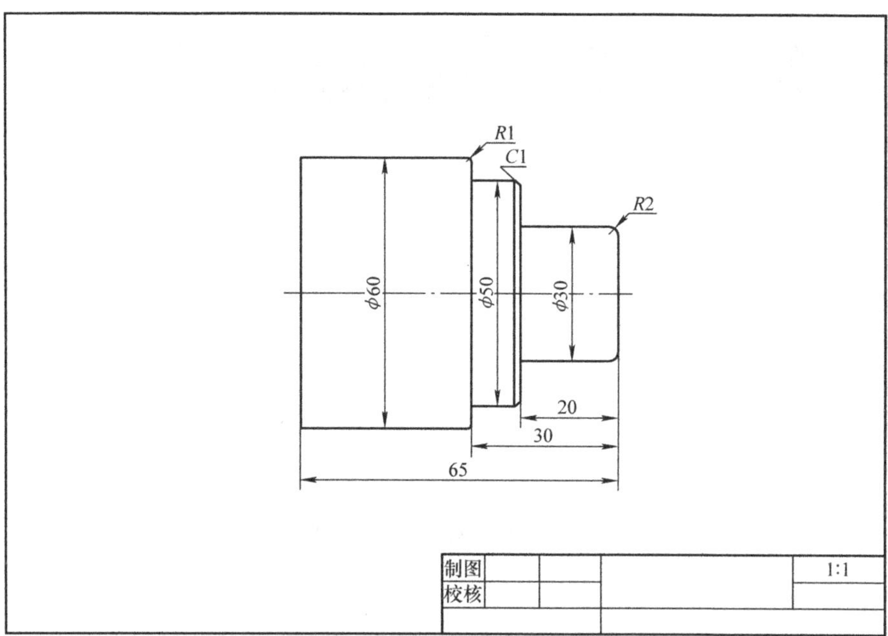

图 18-1　零件图

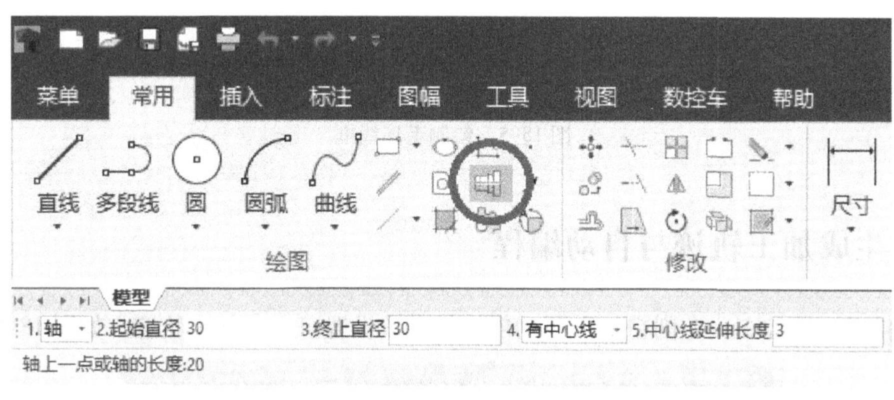

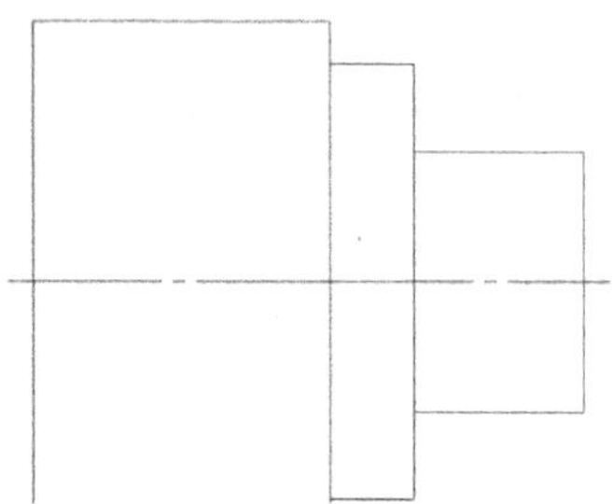

图 18-2　孔/轴功能

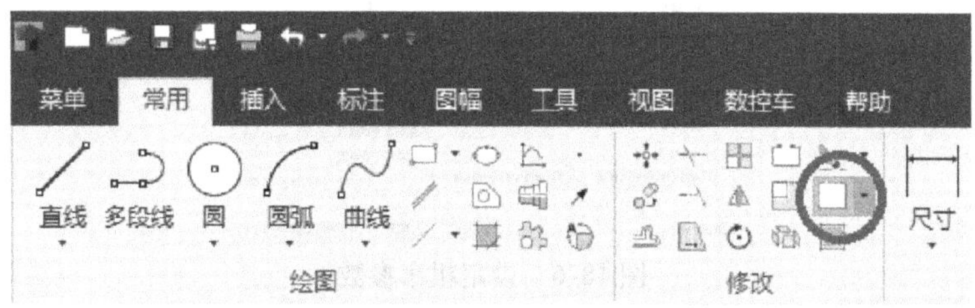

图 18-3　过渡功能

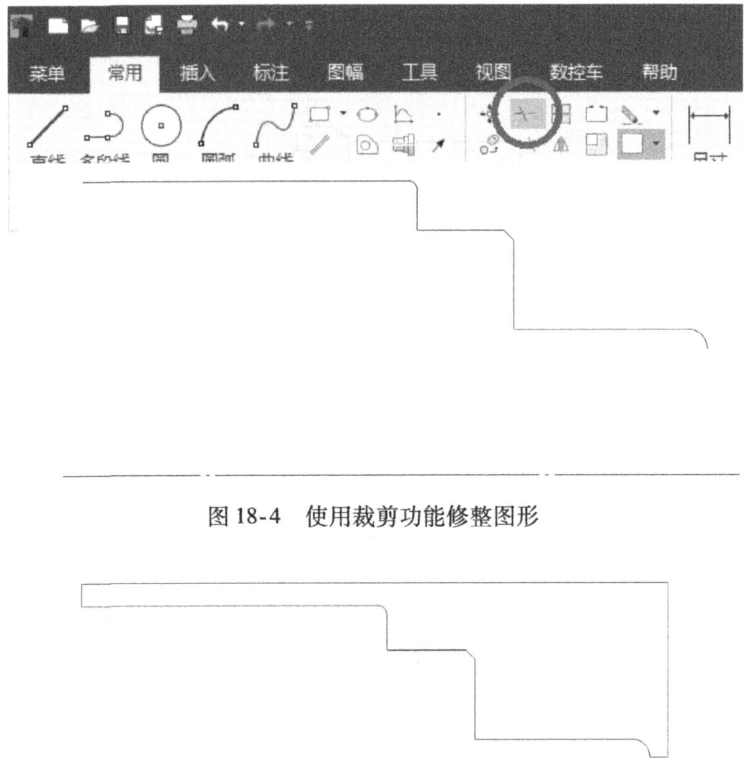

图 18-4　使用裁剪功能修整图形

图 18-5　绘制毛坯线框

18.3　生成加工轨迹与自动编程

1）使用“数控车→车削粗加工”功能进行参数设置，生成加工轨迹，如图 18-6 所示。

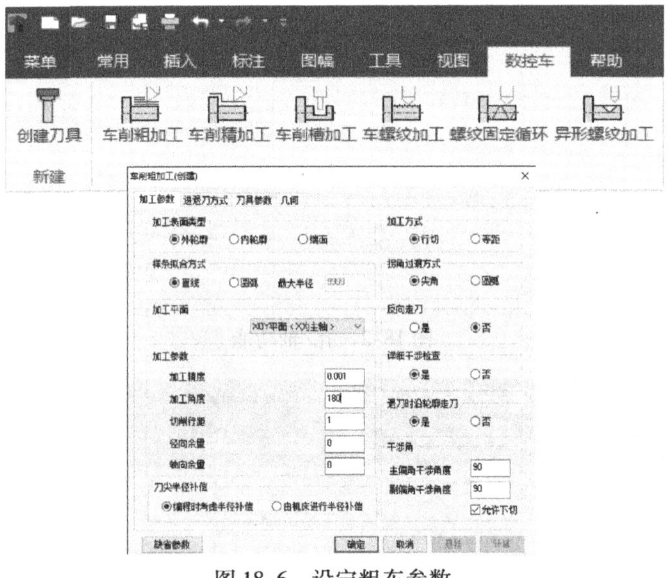

图 18-6　设定粗车参数

2）主偏角干涉角度设为90°（最大），副偏角干涉角度设为90°（最大），如图18-6所示。实际加工过程中通过进退刀方式的设置进行干涉控制，如图18-7所示。

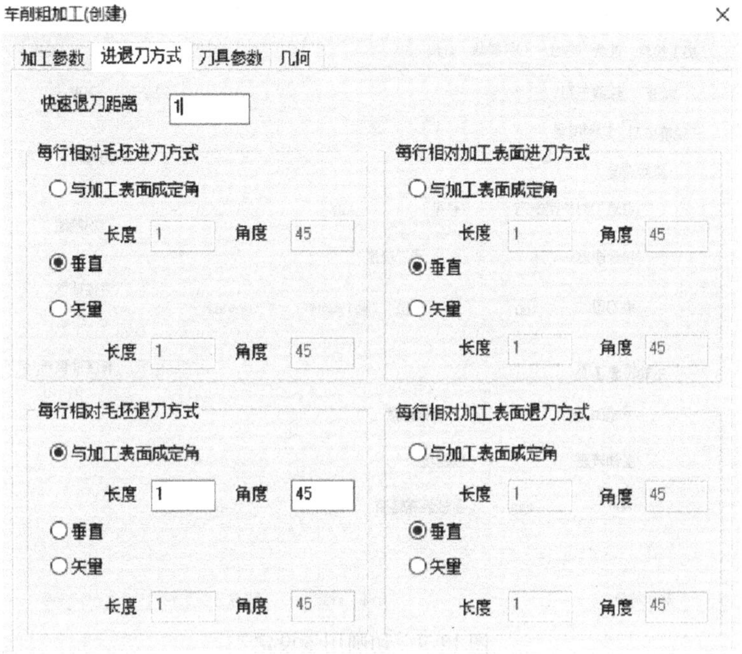

车削粗加工(创建)
加工参数
进退刀方式
刀具参数
几何
快速退刀距离
1
每行相对毛坯进刀方式
与加工表面成定角
长度
1
角度
45
垂直
矢量
长度
1
角度
45
每行相对加工表面进刀方式
与加工表面成定角
长度
1
角度
45
垂直
矢量
长度
1
角度
45
每行相对毛坯退刀方式
与加工表面成定角
长度
1
角度
45
垂直
矢量
长度
1
角度
45
每行相对加工表面退刀方式
与加工表面成定角
长度
1
角度
45
垂直
矢量
长度
1
角度
45

图18-7　设定进退刀参数

3）刀具参数的设置使用默认值，设定刀尖半径与实际刀具一致，自动编程时将自动考虑刀具半径补偿，如图18-8所示。

车削粗加工(创建)
加工参数
进退刀方式
刀具参数
几何
类型
轮廓车刀
刀库
入库
轮廓车刀
切削用量
W
L
N
F
B
R
刀柄长度L
40
刀柄宽度W
10
刀角长度N
10
刀尖半径R
0.4
主偏角F
93
副偏角B
20
刀具号
1
DH同值
半径补偿
1
长度补偿号
0
刀具偏置方向
左偏
对中
右偏
对刀点方式
刀尖尖点
刀尖圆心
刀片类型
普通刀片
球形刀片
缺省参数
确定
取消
悬挂
计算

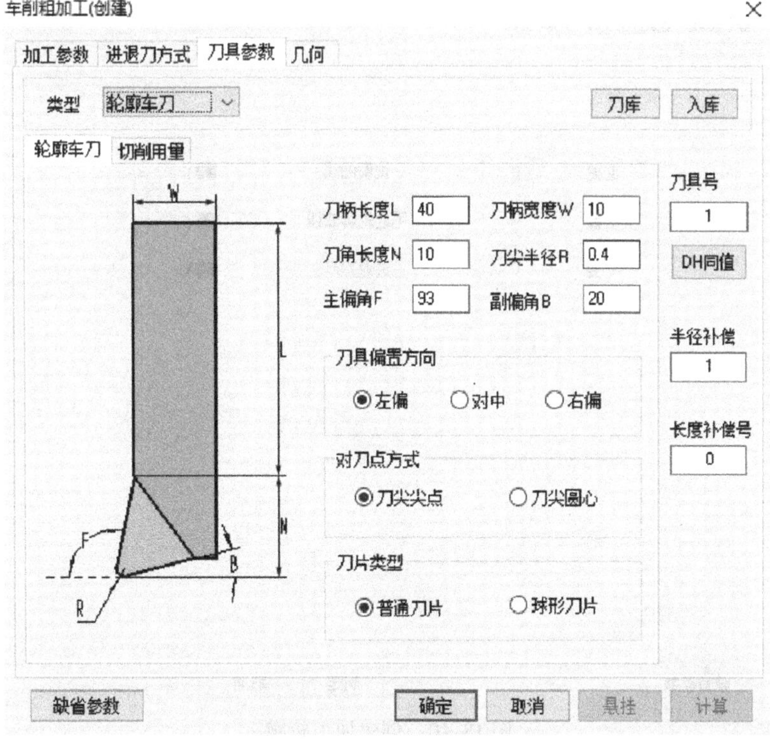

图18-8　刀具参数设定

4）选择合适的切削用量，“进退刀时快速走刀”处选“是”，将以 G00 的方式进行进退刀，如图 18-9 所示。

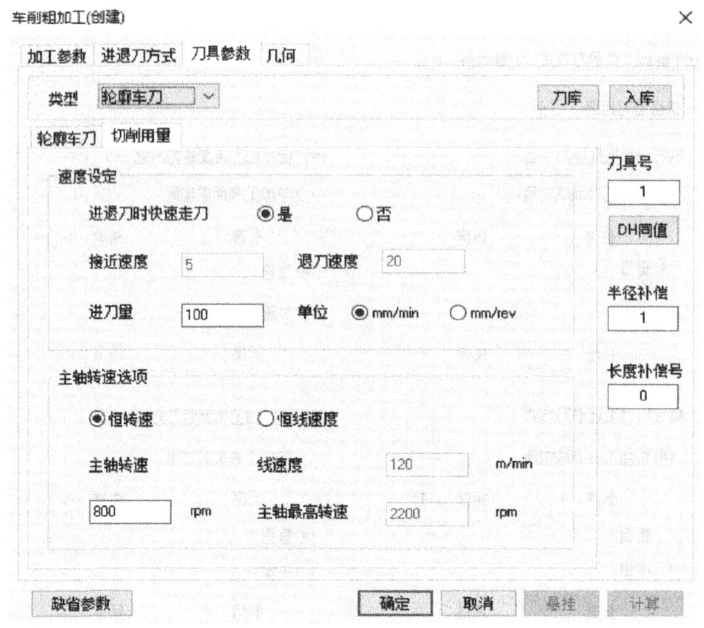

图 18-9　切削用量设定

5）根据“几何”选项选择工件的轮廓曲线、毛坯轮廓曲线、进退刀点，单击“确定”，生成加工轨迹（选择完成后右击进行功能选项），如图 18-10 所示。

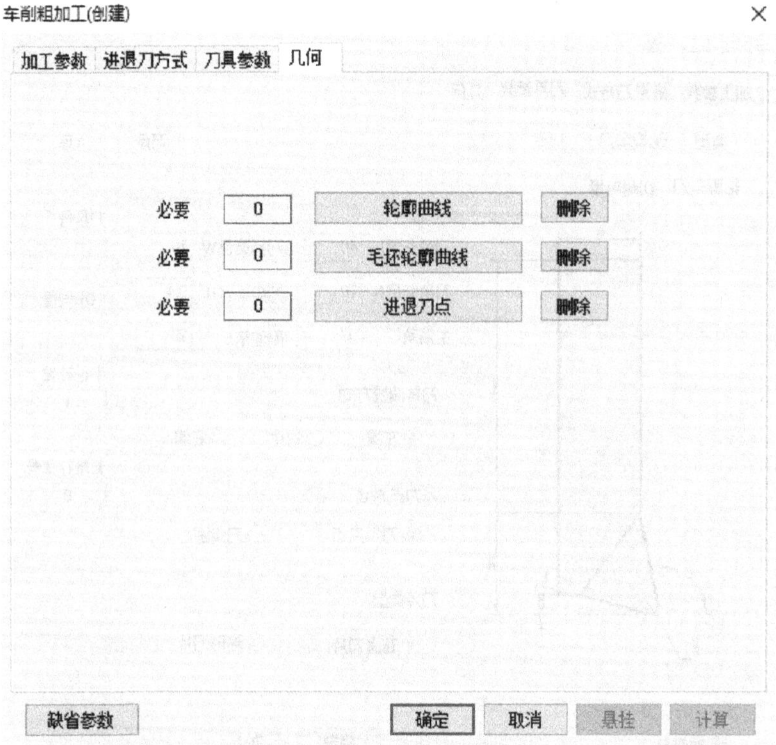

车削粗加工(创建)

加工参数　进退刀方式　刀具参数　几何

必要　0　轮廓曲线　删除

必要　0　毛坯轮廓曲线　删除

必要　0　进退刀点　删除

缺省参数　确定　取消　悬挂　计算

图 18-10　创建加工轮廓

注意：选择工件轮廓包括延长的部分，如图 18-11 所示。

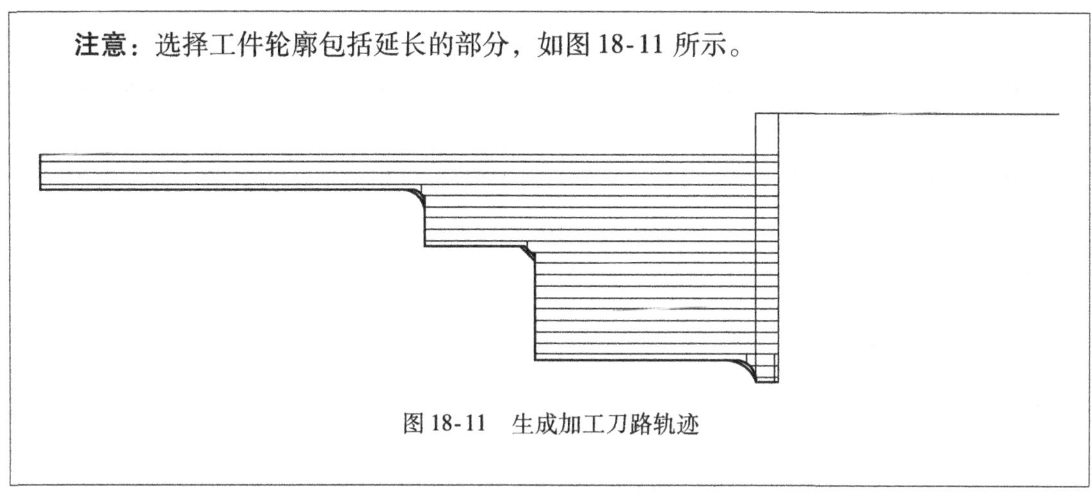

图 18-11 生成加工刀路轨迹

6）选择刀具轨迹，使用后置处理功能生成加工程序，如图 18-12 所示。

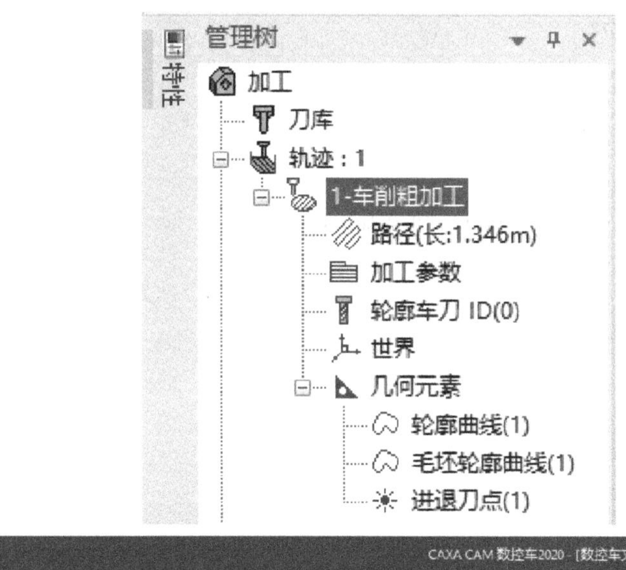

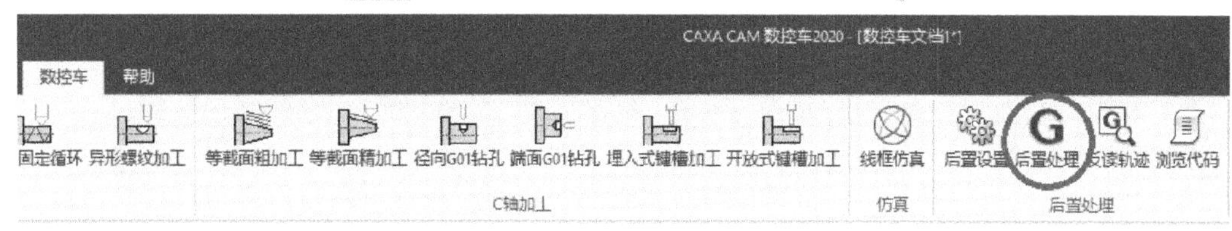

图 18-12 生成加工程序

图 18-12 生成加工程序（续）

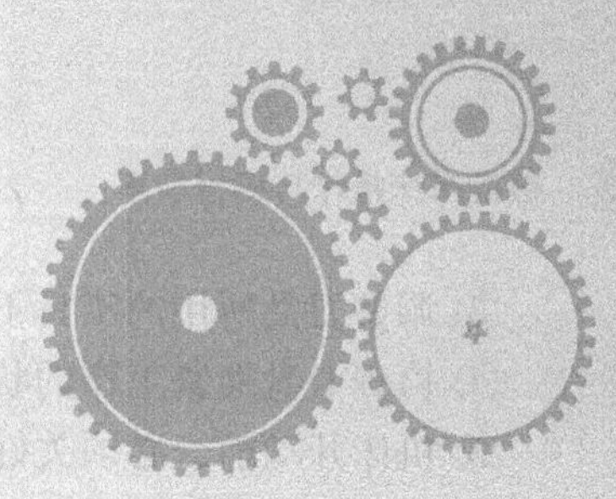

项目19

任务工单集

19.1 数控车安全操作规程

【教师寄语】 *居安思危除隐患，预防为主保安全！*

安全责任重于泰山，学生安全高于一切！

【教学分析】

一、知识目标

1）熟悉数控车工日常安全文明操作规程，并能识别生产车间常见安全警示标志。

2）掌握“7S”职业规范的技术要领，养成良好的职业习惯。

二、能力目标

通过训练，提高对数控车床的认识程度，并能在以后的学习中正确、安全使用数控车床，为安全文明生产打下扎实的基础。

三、素质目标

结合实际生产场景，培养发现问题、思考问题、解决问题的能力，以竞赛形式开展教学，提倡快乐学习方式，以小组合作的方式培养团队合作精神。

四、教学要求

通过本节课的学习，能识别生产车间中常见的安全警示标志，能严格按照安全操作规程学习以后的课程，更能在实训学习中严格执行“7S”职业规范。

【教学重点】

熟悉数控车工日常安全文明操作规程，并能识别生产车间常见安全警示标志。

培养严谨规范的职业素养。

【难点分析】

掌握“7S”职业规范的技术要领，养成良好的职业习惯。

【学习指导】

一、观看PPT——因未按安全操作规程操作而发生的生产事故

1. 通过观看视频，开展小组讨论（判断下列操作是否规范）

1）工作前的安全注意事项。

① 机床开始工作前要有预热，认真检查润滑系统工作是否正常。

② 使用的刀具应与机床允许的规格相符，有严重破损的刀具要及时更换。

③ 调整刀具所用的工具不要遗忘在机床内。

④ 检查卡盘夹紧工作的状态。

⑤ 机床开动前，必须关好机床防护门。

2）工作过程中的安全注意事项。

① 禁止用手接触刀尖和切屑，切屑必须要用铁钩子或毛刷来清理。

② 禁止用手或其他任何方式接触正在旋转的主轴、工件或其他运动部位。

③ 禁止在加工过程中测量工件，也不能清扫机床。

④ 车床运转时，操作者不得离开岗位，机床发现异常现象立即停机。

⑤ 在加工过程中，不允许打开机床防护门。

⑥ 严格遵守岗位责任制，机床由专人使用，他人使用须经本人同意。

3）工作完成后的注意事项。

① 清除切屑、擦拭机床，使机床与环境保持清洁状态。

② 检查润滑油、切削液的状态，及时添加或更换。

③ 依次关掉机床操作面板上的电源和总电源。

二、观看 PPT——严格执行“7S”职业规范的生产情况

1. 认识数控车工日常安全文明操作规程

学习数控车工日常安全文明操作规程。

2. 识别生产车间常见的安全警示标志

生产车间常见的安全警示标志主要包括指令标志和警示标志。

1）指令标志是强制人们必须作出某种动作或采取防范措施的图形标志。图案特点：蓝底白字，带圆形边框。

2）警示标志是提醒人们对周围环境引起注意，以避免可能发生危险的标志。图案特点：黄底黑字，带正三角形边框。

3. 执行“7S”职业规范

“7S”包括了实际生产中，企业员工须严格执行的七个方面：整理（Seiri）、整顿（Seiton）、清扫（Seiso）、清洁（Seikeetsu）、素养（Shitsuke）、安全（Safety）、节约（Saving），因其第一个字母均为 S，故简称“7S”。

严格执行“7S”职业规范是提高工作效率、生产高质量、高精密产品、减少浪费、节约物料成本和时间成本的根本保证。

三、练一练

1. 什么是“7S”？

____

2. 认识安全警示标志。

____

3. 你还认识哪些安全警示标志？

____

【任务评价】

序号	评价项目	自我评价
①	能正确理解日常安全文明操作规程	□能 □不能
②	能正确识别生产车间常见安全警示标志	□能 □不能
③	对生产现场实施整理情况	□规范 □不规范
④	对生产现场各类物资的整顿情况	□规范 □不规范
⑤	对生产现场的清扫情况	□规范 □不规范
⑥	对生产现场与机器的清洁情况	□规范 □不规范
⑦	日常生产中的团结协作、职业素养情况	□良好 □较差
⑧	日常生产中是否出现安全事故	□是 □否
⑨	日常生产中节水节电等节省材料情况	□节省 □不节省

【综合评价】

优秀□ 良好□ 尚待努力□

19.2 认识数控车床

【教师寄语】“习语：在实现中华民族伟大复兴的新征程上，必然会有艰巨繁重的任务，必然会有艰难险阻甚至惊涛骇浪，特别需要我们发扬艰苦奋斗精神。”

【教学分析】

一、知识目标

1）掌握数控车床的结构。

2）熟悉数控车床的加工特点。

3）了解数控车床的基本功能。

二、能力目标

通过训练，提高对数控车床的认识程度，并能在以后的学习中正确、安全使用数控车床，为安全文明生产打下扎实的基础。

三、素质目标

培养学习本课程的兴趣，以及自主探索、分析问题和解决问题的能力，为后续课程的学习打下扎实的基础。

四、教学要求

会判别数控车床的型号。

【教学重点】

数控车床的标识；数控车床的组成及功能。

【难点分析】

数控车床的工作原理及驱动装置。

【学习指导】

一、认识数控车床

NC：____________，简称数控；数控是数字控制（Numerical Control）的简称，它是一

种借助数字、字符或其他符号对某一工作过程进行可编程控制的自动化控制技术。

CNC 系统：___________；数控车床又称为___________车床，它是采用数字化信号对机床的运动及加工过程进行控制的车床。

FANUC 系统 CKA6150 卧式数控车床仍然保留着主轴箱、刀架、进给系统、床身、尾座等部分，但数控车床采用 CNC 控制系统和伺服电动机等数控装置，实现了车削加工的半自动化和自动化。

二、识别数控车床组成部分及功能

数控车床（图 19-1）的结构包括___________、___________、___________、___________、___________、___________、___________等。

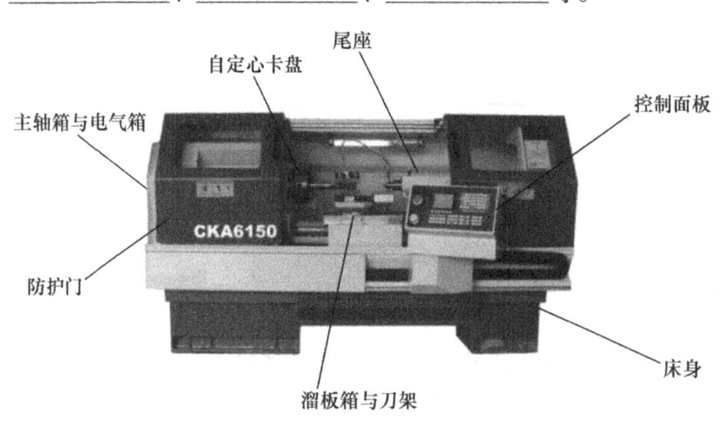

图 19-1 数控车床

三、数控车床型号

解释 CKA6150 的含义：

C ______ K ______ A ______ 6 ______ 1 ______ 50 ______

四、数控机床的产生和发展过程

世界数控机床的发展过程：1948 年提出数控机床的设想（美国）；1952 年研制出第一台数控机床样机：数控铣床（美国）；1958 年研制出世界第一台带有换刀装置的加工中心（美国）。

我国数控机床的发展过程：1958 年开始研制数控机床；20 世纪 60 年代末～70 年代初已在生产中广泛应用简易数控机床；20 世纪 80 年代初，数控机床的质量和性能都得到了极大的提升；20 世纪 90 年代起，开始向高档数控机床方向发展，华中数控、广州数控等高性能数控系统实现国产化。

五、数控车床的工作原理

数控车床的工作原理如图 19-2 所示。

六、数控车床的加工范围

数控车床主要用于加工各种________、________、________及成形类成批零件，加工精度和生产效率较高、劳动强度低，比普通车床具有更广泛的适用范围。

七、数控车床的加工特点

1）________程度高，可以减轻工人的体力劳动强度。数控加工是按提前输入的程序自

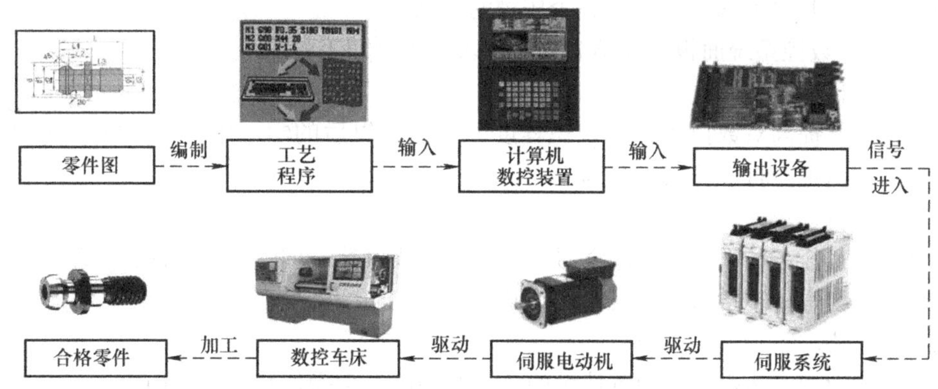

图 19-2 数控车床的工作原理

动加工的，操作者只需观察机床的运行情况，进行装卸工件和更换刀具等辅助工作。

2）加工零件的________高，尺寸精确。

3）能够加工复杂零件。数控车床能够加工普通车床难以加工的复杂结构，如椭圆、二次曲线等构成的曲面的加工。

4）________高。数控车床能在一次装夹中连续完成多工步的加工，同时减少了刀具调整和尺寸测量等辅助时间，故生产效率高。

5）写出几种常见的加工方式。

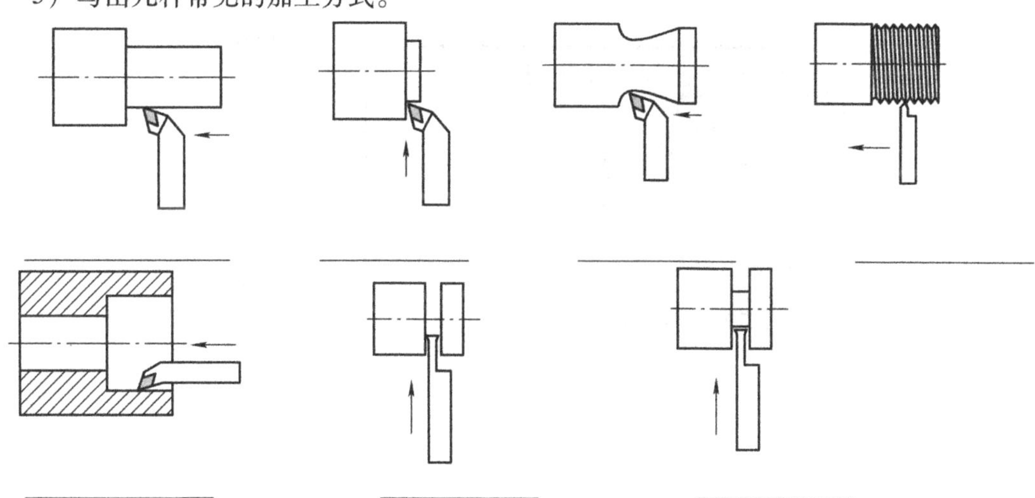

19.3 数控车床操作面板（一）

【教师寄语】 党的百年奋斗成功道路是党领导人民独立自主探索开辟出来的，愿同学们在前行的道路上，用自己的双手建造幸福的大厦。

【教学分析】

一、知识目标

1）熟悉数控车床操作面板组成（FANUC－TD）。

2）掌握各个按钮的含义，学会开关机。

3）掌握 CRT/MDI 操作面板上各个按键的含义。

4）会操作数控系统面板，并学会程序输入与仿真加工。

二、能力目标

通过训练，提高对数控车床的认识程度，并能在以后的学习中正确、安全使用数控车床，为安全文明生产打下扎实的基础。

三、素质目标

通过本项目任务的学习，提高学习的自信心和成就感，增强学习本课程的学习兴趣，激发学习动力，为进一步学习职业技能打下基础。

四、教学要求

较好掌握数控车床操作面板各按键的含义及功能，会操作数控系统面板。

【教学重点】

重点：熟悉操作面板各部位按键的含义及功能，并能使用操作面板进行输入程序和仿真加工。

【难点分析】

操作面板各个按键的含义。

【学习指导】

一、数控车床操作面板组成

数控车床操作面板（图 19-3）由________和________两部分组成。

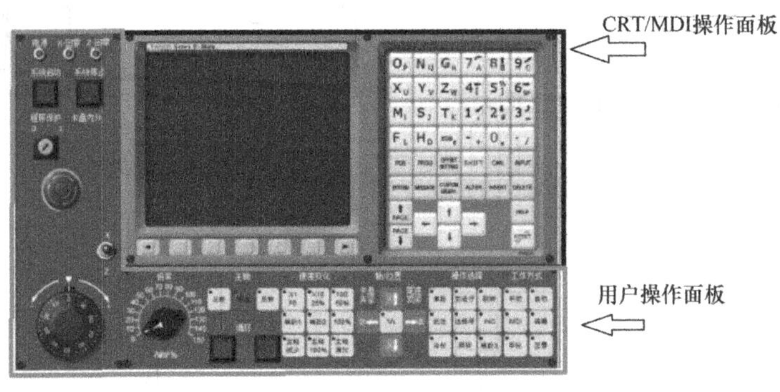

图 19-3　数控车床操作面板

二、掌握各个按钮的含义，学会开关机

开机方法：打开________⟹打开________⟹旋开________，按________消除报警。

关机方法：按下________⟹关闭________⟹关闭________。

三、掌握 CRT/MDI 操作面板

主要在程序________、________、机床当前加工状态的实时监控、机床________等过程中实现人机对话。

四、熟悉 CRT/MDI 操作面板

熟悉图 19-4 所示 CRT/MDI 操作面板中按键的含义，并填写各个按键的名称。

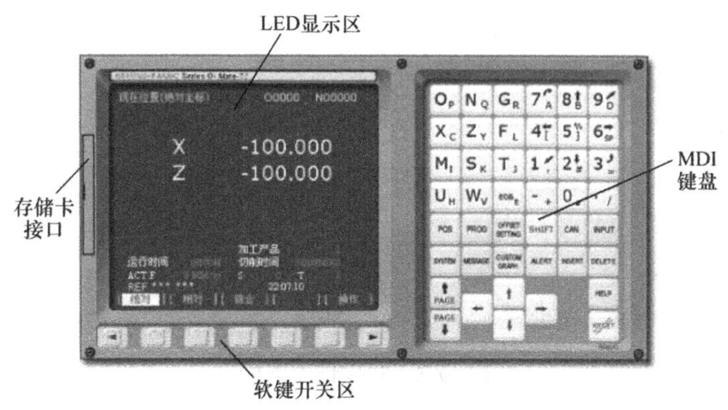

图 19-4　CRT/MDI 操作面板

按键	名称	功能说明
POS		显示坐标位置界面，坐标位置有三种方式
PROG		显示程序与编辑界面
SHIFT		用于上下字母的切换
CAN		用于取消输入区域内的数据
OFS/SET		参数输入界面，按第一次进入坐标系设置页面，按第二次进入刀具补偿参数页面
INPUT		用于修改参数等操作
ALTER		用输入的数据替代光标所在位置的数据
INSERT		输入程序和把输入区域中的数据插入到当前光标所在位置之后的位置
DELETE		删除光标所在位置的数据或程序
RESET		在自动方式下终止当前加工程序、机床的所有动作停止和取消部分报警
PAGE↑ PAGE↓		向上或向下翻页
← ↑ → ↓		向上、下、左、右移动光标
EOB E		分号“;”，用于程序段的结束或换行

五、掌握用户操作面板（方式选择）

机床操作面板位于显示器的下侧，如图 19-5 所示，主要用于控制机床的运动和选择机床的运行状态，由工作方式选择旋钮、数控程序运行控制开关等多个部分组成，每一部分的详细说明如下。

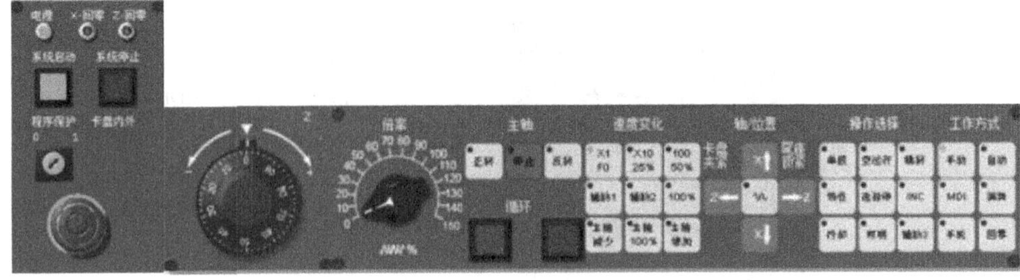

图 19-5　机床操作面板

1. 方式选择键

按下该键，进入编辑运行方式，______________。

按下该键，进入自动运行方式，______________。

2. 其他重要按键

________用来开启和关闭，在自动加工运行和 MDI 运行时都会用到它们。

________用于锁住机床。按下急停键时，机床立即停止运动。

```
O1001;
G21 G99 G40;
T0101;
G97 S500 M03;
G00 X34 Z0;
G01 X-1 F0.1;
Z2;
G00 X32;
X28;
G01 Z-23 F0.2;
X32;
G00 Z2;
S800;
G00 X24;
G01 Z0.5 F0.1;
X27 Z-1;
Z-23;
X32;
G00 X100 Z200;
M05;
M30;
```

六、实训指导

1. 将程序输入到数控车床中

1）正确开机。

2）工作方式下选择“编辑”。

3）按________键，显示程序界面。

4）输入程序号 O1001，按________，建立程序号。

5）按【EOB】键，按插入键。

6）按程序段输入程序，按________键，按________键。

7）重复6）操作，直至程序输入完毕。

8）在输入过程中如果出现输入错误，按________消除并修改。

2. 进行程序检查

1）程序输入完成后进行检查。

2）用光标移动键移动光标至指定位置。

3）按翻页键，快速显示程序界面；发现错误时，按光标移动键至错误位置，按________键删除并重新输入，或用________键进行替换。

3. 程序仿真验证

1）按【程序】，选择程序。

2）工作方式下选择【自动】。

3）操作方式下选择【锁住】【空运行】【单段】。

4）按【图形】显示仿真界面，按【图形】【消除】【开始】键。

5）循环方式下按【启动】键，灯亮表示正在运行某段程序，灯灭表示该段程序结束；观察显示器界面。

6）重复5）操作，直至程序仿真完毕。

7）取消【单段】，按【启动】，一次完成加工仿真。

【综合评价】

优秀□　　　良好□　　　尚待努力□

19.4　数控车床操作面板（二）

【教师寄语】愿同学们不忘初心、牢记使命，做到谦虚谨慎、艰苦奋斗，敢于斗争，坚定自己的理想信念。

【教学分析】

一、知识目标

1）熟悉数控车床用户操作面板，掌握面板各按键的含义及功能。

2）会操作数控系统面板，并学会操作数控车床，能解除超程故障。

二、能力目标

通过训练，提高对数控车床的认识程度，并能在以后的学习中正确、安全使用数控车床，为安全文明生产打下扎实的基础。

三、素质目标

通过完成本项目任务的学习，提高学习的自信心和成就感，增强学习本课程的学习兴趣，激发学习动力，为进一步学习职业技能打下基础。

四、教学要求

较好掌握数控车床操作面板各按键的含义及功能，会操作数控系统面板。

【教学重点】

熟悉操作面板各部位按键的含义及功能，并能使用操作面板控制数控车床的运动。

【难点分析】

能解除数控车床的超程故障。

【学习指导】

一、数控车床用户操作面板组成

用户操作面板（图 19-6），由__________、__________、__________、__________、__________、__________、__________、__________、__________。

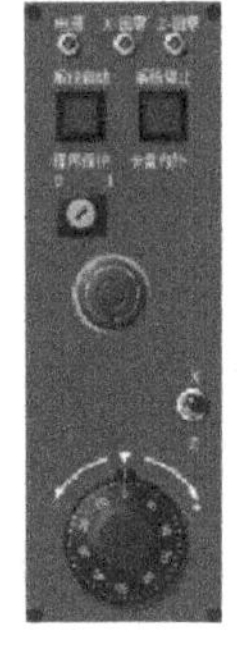

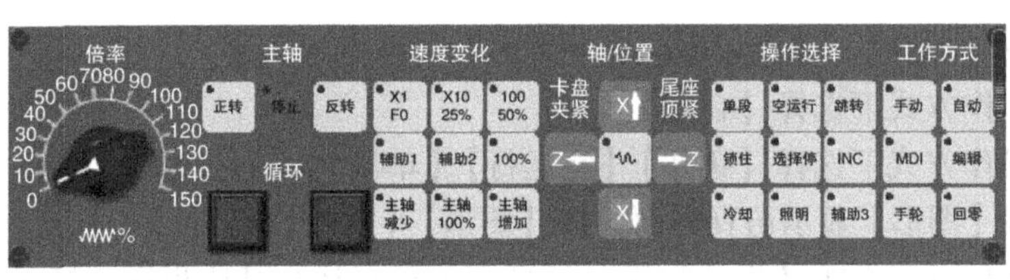

图 19-6　用户操作面板

二、用户操作面板功能

机床控制面板主要用于操作数控车床，包括数控车床________的选择、旋转与________操作、________与________速率调节等。

机床操作面板位于显示器的下侧，主要用于控制机床的运动和选择机床运行状态，由工作方式选择旋钮、数控程序运行控制开关等多个部分组成，每一部分的详细说明如下：

1. 方式选择键

[编辑]按下该键，进入编辑运行方式。（______________）

[自动]按下该键，进入自动运行方式。（______________）

[MDI]按下该键，进入 MDI 运行方式。（______________）

[手动]按下该键，进入手动运行方式。（配合[-X -Z +Z +X]______________）

[手轮]按下该键，进入手动运行方式。（配合[X1 X10 X100]____________________）

2. 其他重要按键

[正转][停止][反转]用来开启和关闭主轴，主轴正转，主轴停转，主轴反转。

循环启动/停止键：用来开启和关闭，在自动运行和 MDI 运行时都会用到它们。

主轴倍率键：在自动或 MDI 方式下，当 S 代码的主轴速度偏高或偏低时，可用来修调程序中的主轴速度。

进给倍率刻度盘：用来调节进给的倍率。倍率值范围为 0 ~ 150%。

急停按钮：用于锁住机床。按下急停键时，机床立即停止运动。

【实训指导】

任务一：主轴旋转

1）在机床控制面板的【________】下，按【________】，灯亮。

2）按 MDI 编辑器上的【________】功能键，观察显示器中出现的界面。

3）利用 MDI 编辑器输入“M03 S500”，然后按【______】【______】功能键，观察显示器中的变化状况。

4）按【________】，主轴旋转。

5）按【________】键，主轴停止。

6）在机床控制面板的【工作方式】下，按【手动】，灯亮，按主轴控制区【正转】，主轴正向旋转，按【________】，主轴停止，按【________】主轴反向转动。

7）在机床控制面板的【工作方式】下，按【手轮】，重复 6）的操作。

任务二：刀架旋转

1）关闭安全防护门，通过窥视孔观察刀架。

2）【工作方式】选择（MDI）。

3）按 MDI 编辑器上的【______】功能键，输入“T0202”，按【______】【______】功能键，按【______】；观察换刀的情况。

任务三：刀架移动

1）关闭安全防护门，通过窥视孔观察刀架。

2）将机床控制面板的【______________】开关旋到（手动）位置。

3）按触摸键或，观察刀架的移动方向与速度。

4）分别将快速移动触摸键和或快速移动触摸键和【________】同时按下，再观察刀架的移动方向与速度与步骤 3）有何不同。

5）按触摸键或，重复 3）4）操作。

任务四：手摇控制刀架移动的操作

1）关闭安全防护门，通过窥视孔观察刀架。

2）把机床控制面板的【工作方式】选择【____】，【速度变化】分别选择（×1）、（×10）或（×100）档位置。

3）将（X）、（Z）轴选择开关旋到（X）位置。

4）用顺时针或逆时针方式旋转手轮，观察刀架分别在（×1）、（×10）或（×100）三个不同档位的移动方向与速度。

5）再将（X）、（Z）轴选择开关旋到［Z］位置。

6）用顺时针或逆时针方式旋转手轮，观察刀架分别在（×1）、（×10）或（×100）三个不同档位的移动方向与速度。

7）用【手摇】方式，手动切削端面、外圆。注意：空走刀时选（×100），切削时选（×10）。

19.5　游标卡尺的使用

【教师寄语】 敢于知难而进、迎难而上，全力战胜前进道路上各种困难和挑战的人才是真正的勇士。

【教学分析】

一、知识目标

认识游标卡尺，掌握游标卡尺结构。

二、能力目标

能正确使用游标卡尺、准确读出测量数值。

三、素质目标

培养学习本课程的兴趣，以及自主学习的能力，为后续课程的学习打下扎实的基础。

四、教学要求

学会用游标卡尺测量并读数。

【教学重点】

游标卡尺的正确读数方法。

【难点分析】

游标卡尺的使用方法与注意事项。

【学习指导】

一、游标卡尺的结构

图 19-7 是游标卡尺的结构示意图，其主要结构有________、________、________、________、________、________、________等。

二、游标卡尺的应用

游标卡尺可以测量工件的________、工件的________、工件的________、工件的________等（图 19-8）。

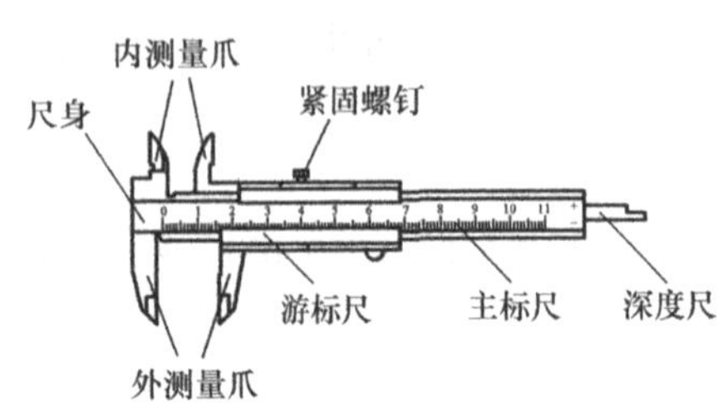

图 19-7　游标卡尺的结构

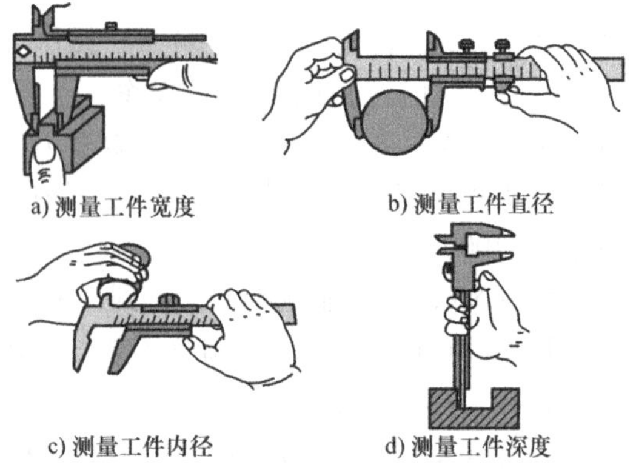

图 19-8　游标卡尺的应用

三、游标卡尺测量原理及读数方法

以常见的1/50mm（0.02mm）的游标卡尺为例，进行介绍。

（1）测量原理　主标尺上每小格为1mm，当两量爪合并时，游标尺上的50小格刚好与主标尺（尺身）上的49mm对正。主标尺（尺身）与游标尺每格之差为：1mm - 49mm/50 = 0.02mm，此差值即为1/50mm游标卡尺的分度值（测量精度）。

（2）游标卡尺的读数方法　用游标卡尺测量工件时（图19-9），读数方法分三个步骤：

1）读出游标尺上零线左面主标尺（尺身）的毫米整数。

2）读出游标尺上与主标尺（尺身）刻线对齐（第一条零线不算，第二条起每格为0.02mm）的刻线数值。

3）把主标尺（尺身）和游标尺上的尺寸加起来即为测得尺寸。即：L = 整数部分 + 小数部分。

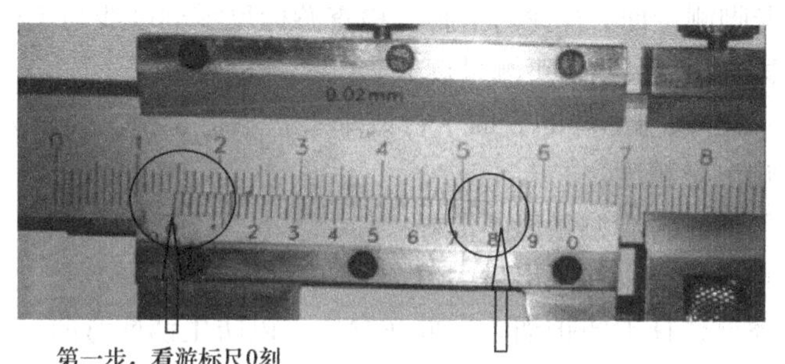

第一步，看游标尺0刻度在主标尺的位置。图示在14和15之间。读数为________

第二步，看游标尺的哪条刻度线与主标尺的一条刻度线对的最齐。图示在8和9之间的第一条，读数为________

第三步，读数相加________

图19-9　用游标卡尺测量工件

【课后拓展】

任务一：掌握游标卡尺使用方法

1）如图19-10所示，将量爪并拢，查看游标尺和主标尺的零刻度线是否________。如果对齐就可以进行测量；如果没有对齐则要记取________：大多少和少多少来纠正读数。

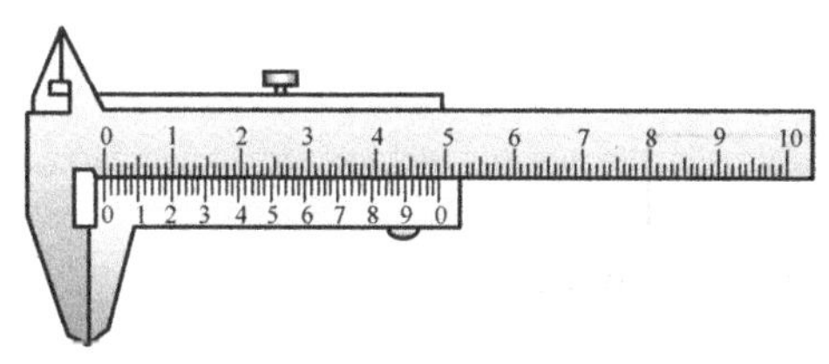

图19-10　零刻线对齐

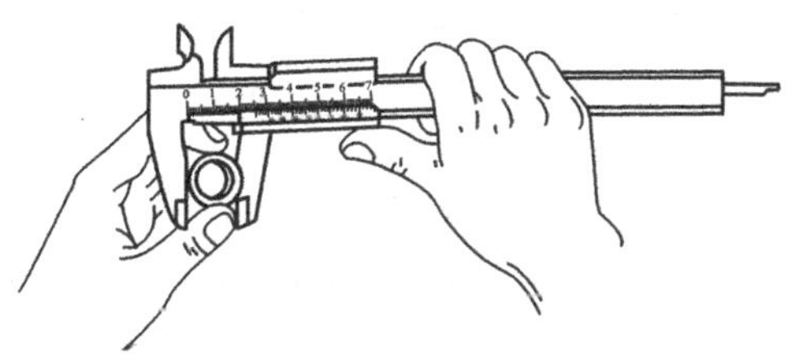

图19-11　测量时读数

2）测量时读数（图19-11），________手拿住尺身，________移动游标，左手拿待测外径（或内径）的物体，使待测物位于外测量爪之间，当与量爪________时，即可读数。

3）离开被测物体读数时（图19-12），将被测物体置于测量爪之间，移动测量爪，夹紧物体。测量完毕之后应将________，以防数值在量具移动过程中发生变化。

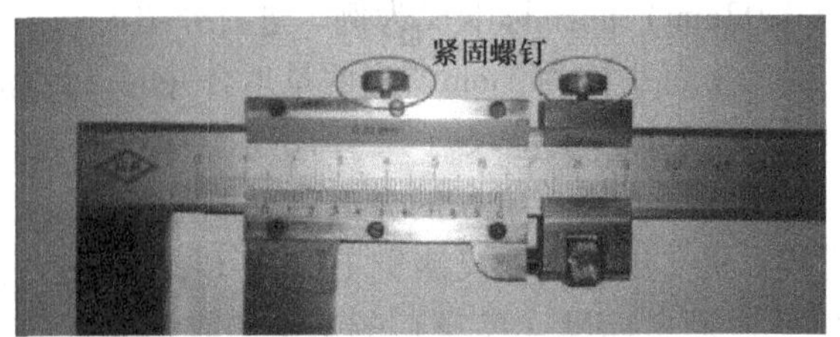

图 19-12　离开被测物体读数

4）注意事项。

游标卡尺是比较精密的量具，使用时应注意以下几点：

① 使用前，应先擦干净两卡脚测量面，合拢两卡脚，检查游标尺零刻度线与主标尺零刻度线是否对齐，若未对齐，应根据原始误差修正测量读数。

② 测量工件时，卡脚测量面必须与工件的表面平行或垂直，不得歪斜。且用力不能过大，以免卡脚变形或磨损，影响测量精度。

③ 读数时，视线要垂直于尺面，否则测量值不准确。

④ 测量内径尺寸时，应轻轻摆动，以便找出最大值。

⑤ 游标卡尺用完后，仔细擦净，抹上防护油，平放在盒内，以防生锈或弯曲。

任务二：读数练习

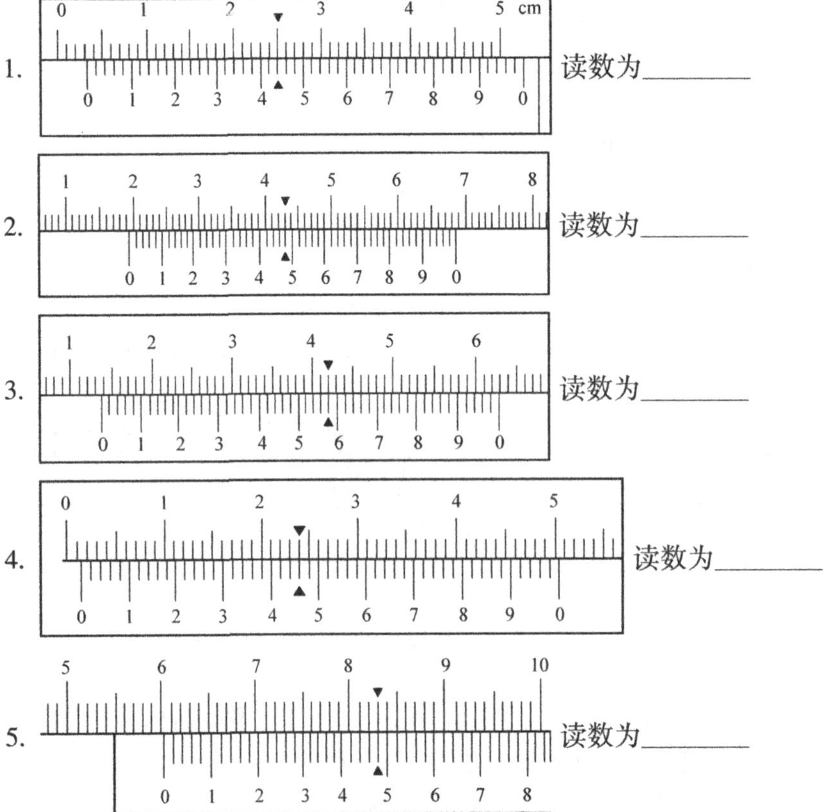

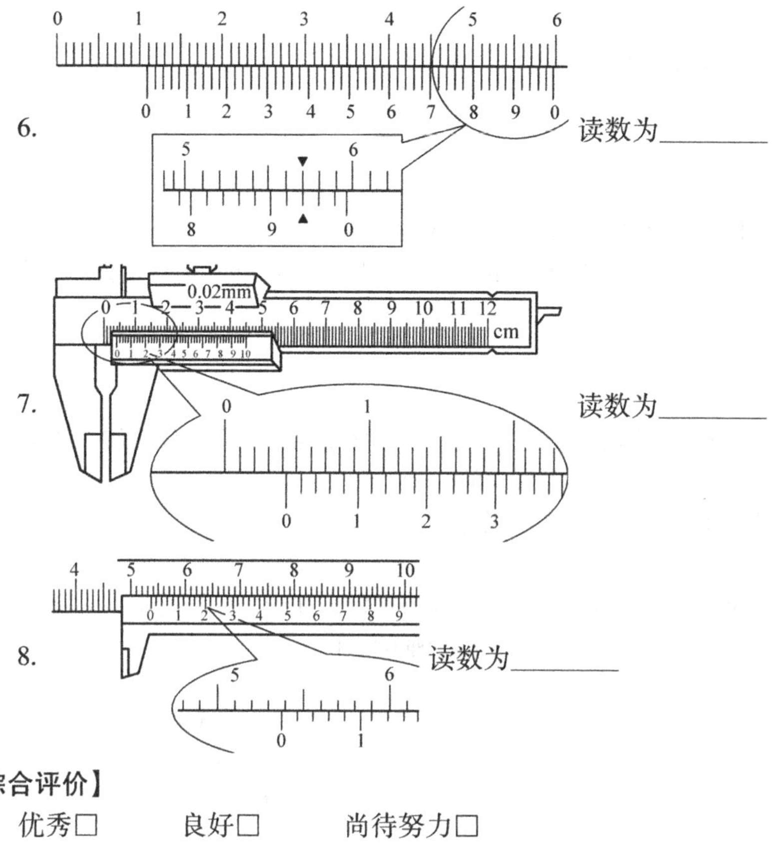

6. 读数为________

7. 读数为________

8. 读数为________

【综合评价】

优秀□　　　良好□　　　尚待努力□

19.6 试切法对刀

【教师寄语】临渊羡鱼，不如退而结网。

【教学分析】

一、知识目标

1）了解数控车床对刀的原理与方法。

2）掌握试切法对刀的操作步骤。

3）熟悉数控车床安全操作的注意事项。

4）增强对岗位工作的责任感。

二、能力目标

对刀是数控加工中重要的操作技能，对刀效率还影响工件的加工质量。通过完成本项任务的学习，既要掌握对刀过程中的每个环节，又要提高对刀的准确性，为职业能力的养成提供良好的条件。

三、素质目标

利用情景教学法，学会联系实际生活来学习专业理论知识，学会在日常生活中发现问题、思考问题、解决问题，从而为进一步学习职业岗位技术、掌握职业技能打下基础。

四、教学要求

熟练掌握数控加工中对刀试切。

【教学重点】

掌握数控加工中对刀试切的技能。

【难点分析】

提高对刀效率。

【问题引领】

1）回顾在数控系统面板上的程序输入、编辑及模拟操作。

2）完成上述工件并在机床上安装工件毛坯和加工刀具后是否可直接对工件进行加工？为什么对刀？

【学习指导】

一、工件坐标系

工件坐标系是编程时使用的坐标系，又称________，该坐标系是人为设定的。建立工件坐标系（图 19-13）是数控车床加工前必不可少的一步。

针对某一工件并根据零件图样建立的坐标系称为________。

二、车床坐标系

数控车床的坐标系已标准化，按右手笛卡儿坐标系规定，如图 19-14 所示。一般假设工件静止，通过刀具相对工件的移动来确定车床各移动轴的方向。

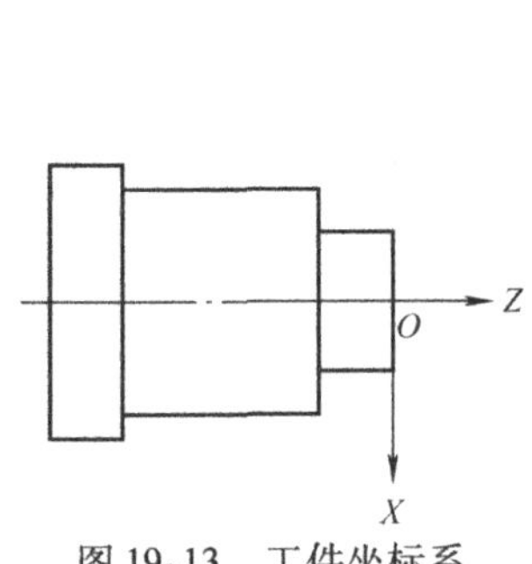

图 19-13　工件坐标系

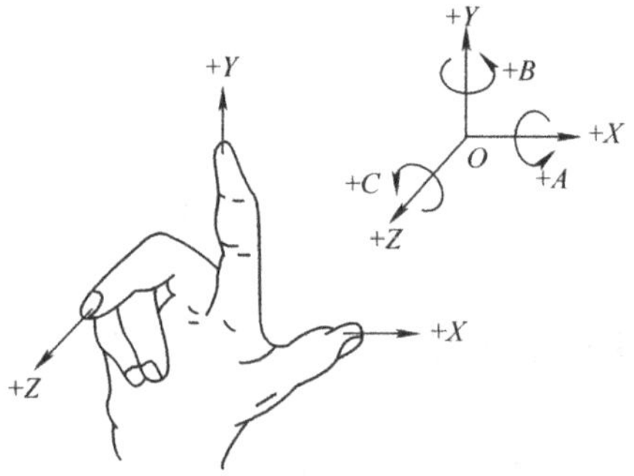

图 19-14　笛卡儿坐标系

1. 机床坐标系

数控车床一般有两轴，轴向定义为________轴和________轴。Z 轴与________重合，刀具远离工件的方向为 Z 轴的________向；X 轴与 Z 轴垂直，且平行于横向滑座，刀具远离工件旋转中心的方向为 X 轴的________向。

2. 机床坐标系、机床原点和机床参考点

机床坐标系：机床固有的坐标系，不同的机床有不同的坐标系，一般由制造商设定。

如图 19-15 所示为工件坐标系和机床坐标系的示意图。

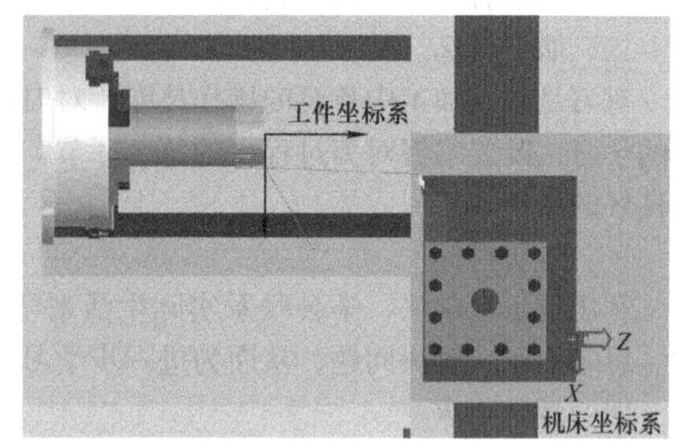

图 19-15　工件坐标系和机床坐标系

三、数控车床对刀

1）编程坐标系只是在图样上建立，数

控车床系统并不认识编程者设定的坐标系，那么操作者通过________等方式将编程坐标系的原点移到数控车床上，此时在数控车床上建立的坐标系称为工件坐标系，其原点一般选择在轴线与工件右端面、左端面或其他位置的交点上，工件坐标系的 Z 轴一般与主轴轴线重合，工件坐标系一旦建立便一直有效直到被新的工件坐标系所取代。

2）对刀的目的是____________________的位置，将编程坐标系原点转换成机床坐标系的已知点并成为工件坐标系的原点，这个点就称为对刀点，对刀点可与程序原点重合，也可在任何便于对刀的位置。

四、对刀的方法

对刀的方法有试切法对刀和对刀仪自动对刀两种，如图 19-16所示。

1）试切法对刀：通过试切零件来对刀，采用“试切—测量—调整”的手动对刀模式。手动对刀要较多地占用机床时间，但由于方法简单，所需辅助设备少，因此普遍应用于经济型数控车床中。

2）对刀仪自动对刀：采用对刀仪自动对刀需使用对刀仪辅助设备和标准刀具，成本较高，但可节省机床的对刀时间，提高对刀的精度，一般用于精度要求较高的数控车床中。

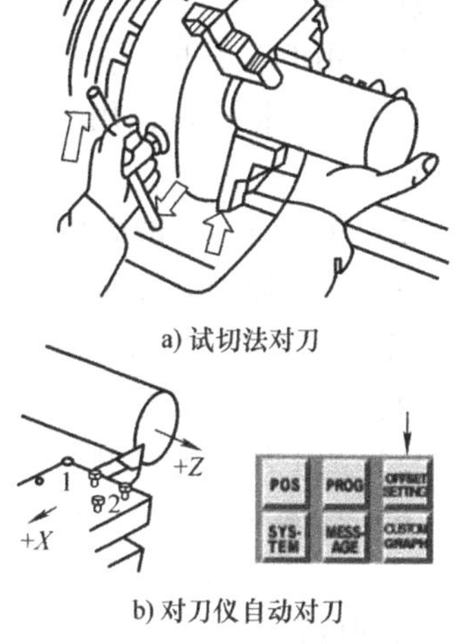

图 19-16　对刀的方法

【任务实施】

一、熟练对刀前的操作

1）用自定心卡盘装夹工件，伸出约 100mm。

2）用____________方式换为 1 号刀位。

3）在 1 号刀位安装____________车刀。

4）手动或____________进给，将刀具靠近工件端面处。

二、掌握 Z 轴对刀

1）手摇操作，车削工件端面至中心。

2）沿________方向退刀（Z 轴不动）。

3）按________键。

4）按________软键。

5）输入________（见图 19-17，以工件右端面为 Z 轴方向零点）。

6）按________软键，完成 Z 轴方向的对刀（图 19-18）。

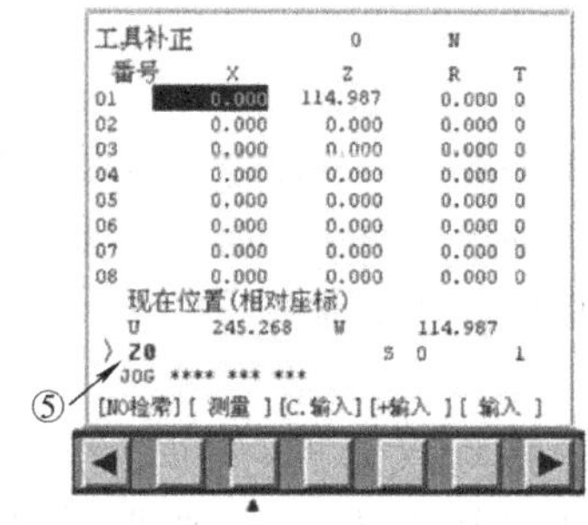

图 19-17　输入刀具参数

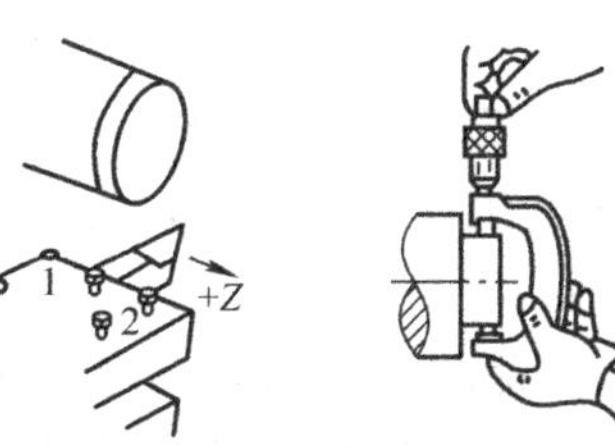

图 19-18　Z 轴方向对刀

三、掌握 X 轴对刀

1）手摇操作，车削工件__________。

2）沿________________方向退刀（X 轴不动）。

3）按________________键，停止机床。

4）测量________________尺寸（假设为 d）。

5）按________________键。

6）按________________软键。

7）输入______（见图 19-19，以工件轴线为 X 轴方向零点）。

8）按______软键，完成 X 轴方向的对刀。

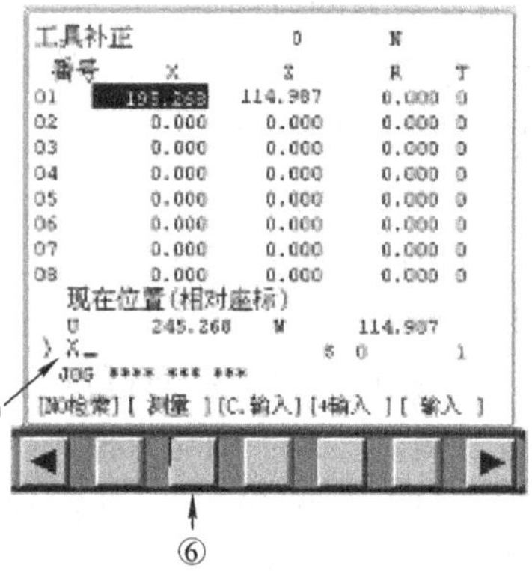

图 19-19　输入刀具参数

【实训指导】

1）MDI 方式下，输入__________转换为 1 号刀位；输入车床转速；用__________键让车床停止转动。

2）车刀刀尖一般应与__________等高。

3）车刀伸出刀架的长度要适当。数控车床车刀至少要用__________压紧在刀架上，并轮流逐个拧紧，拧紧力要适当。

4）数控车床车刀刀杆中心线应与进给方向__________。

5）离工件较远时用______速，接触工件时换用______速，注意倍率及时转换。

6）具体对刀时，对刀操作要正确！除了要进行__________对刀外，还要注意__________！不能出现车刀在 1 号位，对刀位置却在 2 号位的情况！

【综合评价】

优秀□　　良好□　　尚待努力□

19.7　数控车削加工工艺

【教师寄语】拼搏进取，不懈努力，坚持道不变、志不改，发展进步的命运牢牢掌握在自己手中。

【教学分析】

一、知识目标

1）会分析简单零件的加工工艺。

2）会阅读数控加工工艺卡。

二、能力目标

通过完成本项任务的学习，提高分析加工零件图的能力，从而进一步提高选用夹具、刀具和量具，确定装夹方案、进给路线，确定工件加工的工步顺序、加工余量、工序尺寸及其公差、切削用量和工时定额等能力，为编制加工程序做好初步准备。

三、素质目标

引入企业加工产品的实际需求，学会联系实际生产来学习专业理论知识，学会在日常生活中发现问题、思考问题、解决问题，从而为进一步学习职业岗位技术、掌握职业技能打下基础。

四、教学要求

养成通过分析零件图确定加工方案的职业习惯，并具有填写加工工艺卡、刀具选用卡、量具选用卡、程序单等能力。

【教学重点】

分析零件的加工工艺。

【难点分析】

分析零件的加工工艺，填写简单零件的加工工艺卡。

【学习指导】

一、温故知新

1）在前面学习了关于数控车床哪方面知识。

2）提出问题：数控车床主要应用于哪方面的生产。

二、任务引入

图 19-20 是某企业正在生产的销轴零件图，根据图样要求，分析其数控加工工艺，并编制合理的工艺文件。

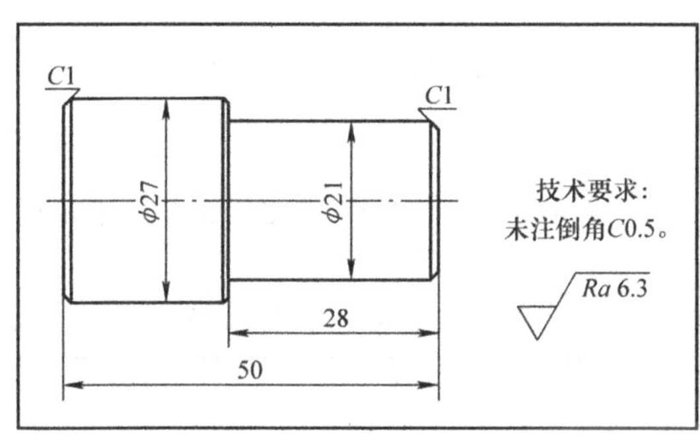

图 19-20 销轴零件图

三、新知探索

1. 读零件图

读懂待加工零件的零件图，是确定加工工艺并编制工艺卡、选用合适的加工刀具、选用合适的量具的首要条件。

（1）零件图分析 分析图 19-21 所示零件，材料是毛坯外径为 ϕ30mm、长度为 53mm 的铝料。

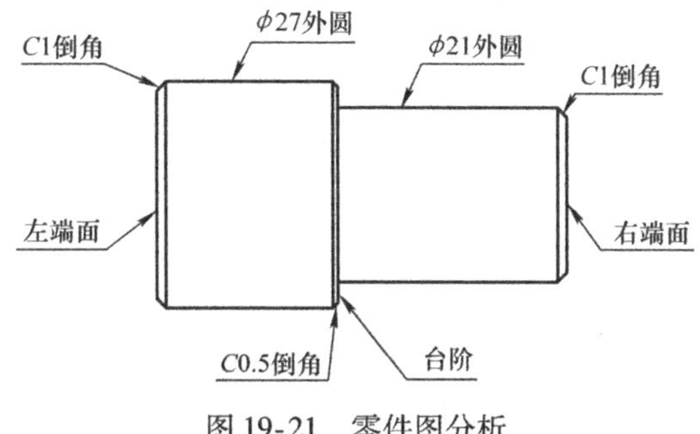

图 19-21 零件图分析

零件表面由外圆、台阶、端面、倒角等结构组成，其中外圆尺寸分别为 ϕ21mm、ϕ27mm，长度尺寸 50mm、28mm，倒角 C1mm（两处）、C0.5mm（一处），所有表面的表面粗糙度为 Ra6.3μm。

销轴需要加工的表面有 1. ________ 2. ________ 3. ________ 4. ________ 5. ________ 6. ________ 7. ________ 8. ________

（2）确定工艺路线　该零件分 5 个工步完成：车右端面→________________→________________→手动切断→调头，________________（保总长），如图 19-22 所示。

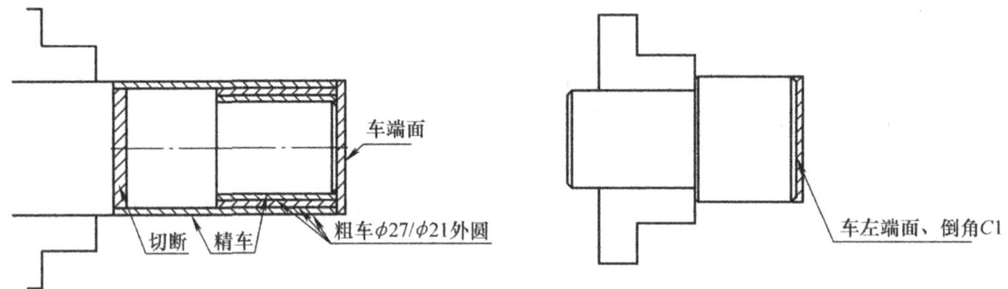

图 19-22　确定工艺路线

2. 编制工艺卡

（1）填写刀具选用卡　用自定心卡盘装夹 ϕ35mm 棒料的外表面。装夹伸出长度________左右。

刀具选用卡主要反映刀具编号、刀具名称、刀片规格和加工对象等。

刀具编号	刀具名称	刀片规格/mm	加工对象	参考图片	备注
T0101	93°外圆车刀	35°菱形 R0.4	外圆		粗车 精车
T0202	切断刀	4	切断		

（2）填写量具选用卡　工、量具选用卡反映的是检测加工对象必需的量具和加工必备的工具，是检测质量和加工零件的依据。

序号	量具名称	规格/mm	精度/mm	参考图片	备注
1	游标卡尺	0~150	0.02		
2	外径千分尺	25~50	0.01		

(3) 填写数控加工工艺卡　数控加工工艺卡是操作人员配合数控程序进行数控加工的主要指导性工艺文件。工艺卡应按已确定的工步顺序填写。

实训项目		19.7	零件图号		系统	FANUC	材料	铝料
装夹定位简图								
程序名称			G 功能	T 刀具	切削用量			
					主轴转数 $S/(\mathrm{r/min})$	进给速度 $F/(\mathrm{mm/r})$	背吃刀量 $a_p/(\mathrm{mm})$	
工序号	工步	工步内容						
1	1		G01	T01				
	2		G01	T01				
	3		G01	T01				
	4		/	T02		/	/	
	5		G01	T01				

【综合评价】

优秀□　　良好□　　尚待努力□

19.8　常用指令与程序结构

【教师寄语】 道虽迩，不行不至；事虽小，不为不成。

【教学分析】

一、知识目标

1) 了解常用的程序指令。

2) 理解程序的结构。

二、能力目标

通过完成本项任务的学习，在提高使用数控系统面板能力的同时，也要初步掌握程序指令的含义。

三、素质目标

通过情景教学法，学会联系实际生活来学习专业理论知识，学会在日常生活中发现问题、思考问题、解决问题，从而为进一步学习职业岗位技术、掌握职业技能打下基础。

四、教学要求

能掌握指令的含义，并了解数控程序的结构。

【教学重点】

常用程序的指令。

【难点分析】

能对已输入的程序进行分析，理解程序结构。

【学习指导】

一、温故知新

回顾工艺分析和程序输入过程。

二、任务引入

本项目的任务：一是程序的常用指令；二是程序的结构。

分析下面的程序，并填在下表中。

O1001					
N10	G21 G99 G40;		N100	G01 Z-50 F0.2;	
N20	T0101;		N110	X34;	
N30	G97 M03;		N120	G00 Z2;	
N40	G00 X34 Z2;		N130	X27;	
N50	Z0;		N140	G01 Z-50F0.1;	
N60	G01 X-1;		N150	X34;	
N70	Z2;		N160	G00 X100 Z200;	
N80	G00 X34;		N170	M05;	
N90	X28;		N180	M30;	

三、新知探索

数控程序是由指令组成的，指令又可分为五大功能：__________、__________、__________、__________、__________。

1. 指令的功能

机能	地址	意　义
程序号	O	
程序段号	N	
准备功能	G	指令动作方式（直线、圆弧等）G00-99
尺寸字	X，Z（U，W）	坐标轴的移动命令±99999.999
	R	圆弧的半径，固定循环的参数
	I，J，K	圆心相对于起点的坐标，固定循环的参数
进给功能	F	
主轴功能	S	
刀具功能	T	
辅助功能	M	
暂停	P，X	指定暂停时间　　　s（ms）
参数	P，Q，R	固定循环的参数

（1）程序号（O）　指令格式为：O□□□□。

（2）程序段号（N）　在程序段前加入程序段号，有助于程序的校对和检索修改（一般省略）。

（3）准备功能（G）　准备功能的地址符是G，又称为G功能或G指令，是用于建立车床或控制系统工作方式的一种指令。表19-1为FANUC系统常用G指令。

表19-1　FANUC系统常用G指令

G代码	功　能	G代码	功　能
G00		G70	精加工循环
☆G01		G71	外圆、内圆粗车循环
G02		G73	封闭切削循环
G03		☆G21	
G04	延时	☆G40	
G92	螺纹切削循环	☆G97	
G99			

（4）进给功能（F）　进给功能的地址符是F，用于指定切削的进给速度。F可分为每分钟进给和主轴每转进给两种，对于数控车床，一般默认为每分钟进给。F指令在螺纹切削程序段中常用来指螺纹的导程。

（5）主轴功能（S）　主轴功能的地址符是S，又称为S功能或S指令，其指令格式为S□□□□，用于指定主轴转速，单位为r/min。对于具有恒线速度功能的数控车床，程序中的S指令用来指定车削加工的线速度，单位为mm/min。

（6）刀具功能（T）　刀具功能的地址符是T，又称为T功能或T指令，主要的功能是用来选取所要的刀具，达到自动换刀的目的。其指令格式为T□□□□，前两位表示刀具号，后两位为刀补号。如T0101表示1号刀1号刀补，T0100表示1号刀取消刀补。

（7）辅助功能（M）　辅助功能的地址符是M，又称为M功能或M指令，用于指定数控车床辅助装置的开关动作。表19-2为FANUC系统常用M指令。

表19-2　FANUC系统常用M指令

M代码	功　能
M03	
M04	
☆M05	
M08	
☆M09	
M30	

2. 程序格式（图19-23）

（1）程序开始（加工前准备工作）　程序开始前一般应先确定刀具号及刀补、主轴转向及转速、确定起刀点坐标等。

（2）程序主体（加工过程）　程序主体是由若干个程序段组成的。一般每个程序段占一行。不同的程序其主体内容不同。

（3）程序结束（加工完成后续工作） 包含刀具返回起刀点、刀补取消、主轴停转、程序结束并返回程序开头等内容。结束指令可以用 M02 或 M30。一般要求单列一段。

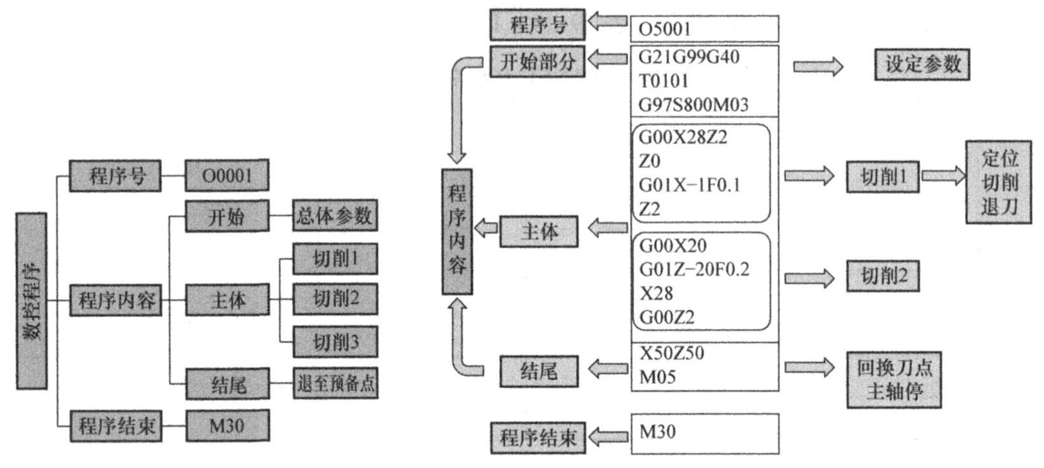

图 19-23 分析程序结构

加工程序的一般格式举例：

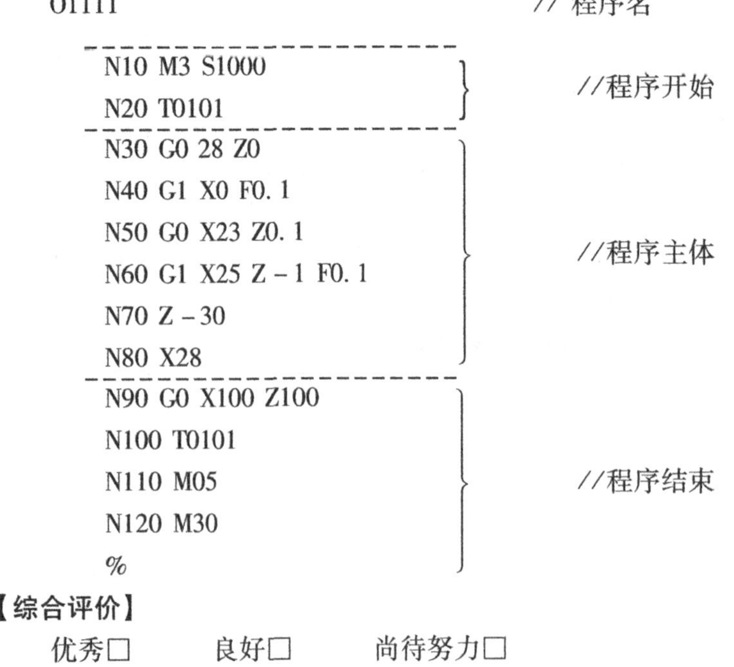

```
O1111                          // 程序名
N10 M3 S1000                   //程序开始
N20 T0101
N30 G0 28 Z0                   //程序主体
N40 G1 X0 F0.1
N50 G0 X23 Z0.1
N60 G1 X25 Z-1 F0.1
N70 Z-30
N80 X28
N90 G0 X100 Z100               //程序结束
N100 T0101
N110 M05
N120 M30
%
```

【综合评价】

优秀□　　良好□　　尚待努力□

19.9 数控车编程（G00、G01）

【教师寄语】矢志不渝、笃行不怠，方能不负时代、不负自己。

【教学分析】

一、知识目标

1）熟悉 G00、G01 指令格式及参数含义。

2）掌握数控编程各个代码的含义。

二、能力目标

通过训练，提高对机床的熟悉程度，进一步提升编程和操作能力、工艺分析能力、工具和量具的使用能力，能正确使用编程指令完成零件的程序编写，具备安全文明生产的能力。

三、素质目标

利用情景教学法，学会联系实际生活来学习专业理论知识，学会在日常生活中发现问题、思考问题、解决问题，从而为进一步学习职业岗位技术、掌握职业技能打下基础。

四、教学要求

通过指令学习、练习等环节，能自主完成零件的编程。

【教学重点】

G00、G01 指令格式及编程。

【难点分析】

编程中指令代码的含义。

【学习指导】

1. 快速进给指令 G00

G00 是快速进给指令，从某点快速运动到另一点，可分为沿 *X* 轴方向 *Z* 轴方向或任意方向。

指令格式：G00 X__ Z__ ；

说明：（X，Z）为终点坐标。

图 19-24 所示，刀尖开始位置为 *A* 点，快速运动到 *B* 点，*C* 点，*D* 点，回到 *A* 点。

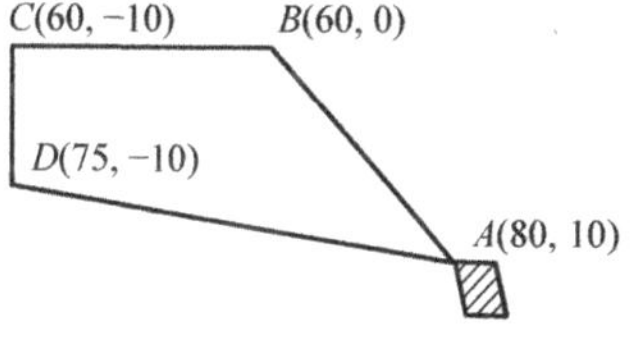

图 19-24 快速移动指令 G00

编程如下：

G00 X60 Z0	（到 *B* 点）	______	（到 *B* 点）
G00 X60 Z－10	（到 *C* 点）	______	（到 *C* 点）
G00 X75 Z－10	（到 *D* 点）	______	（到 *D* 点）
G00 X80 Z10	（到 *A* 点）	______	（到 *A* 点）

> **注意**：G00 编程属于模态指令，后面的程序段可以省略与前面程序段相同的部分。

2. 直线插补指令 G01

G01 是切削指令，编程格式与 G00 相同，但必须使用进给量指令 F。

指令格式：G01 X__ Z__ F__；

说明：（X，Z）为终点坐标。

图 19-25 刀尖从换刀点快速运动到预备点，到 *A* 点，切削到 *B* 点，切削退刀到 *C* 点，快速运动到预备点，快速运动到切削起点 *D*，切削到 *E* 点，切削到 *F* 点，快速回到换刀点。

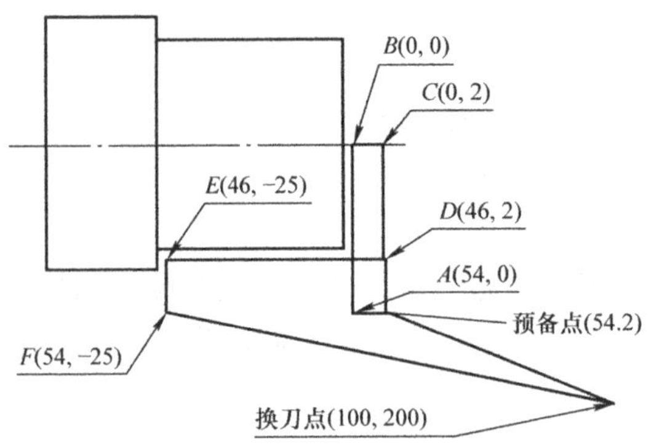

图 19-25　直线插补指令 G01

编程如下：

______________________________(开始部分参数)
______________________________(开始部分转速)
______________________________(开始部分调用刀具，建立坐标系)
______________________________(快速运动到预备点)
______________________________(快速运动到 *A* 点)
______________________________(切削到 *B* 点)
______________________________(切削到 *C* 点)
______________________________(快速运动到预备点)
______________________________(快速运动到 *D* 点)
______________________________(切削到 *E* 点)
______________________________(切削到 *F* 点)
______________________________(快速回到换刀点)
______________________________(主轴停止)
______________________________(程序结束)

【课堂拓展】

写出下列代码的含义：

G00：______________________

G01：______________________

G02：______________________

G03：______________________

G97：______________________

G99：______________________

M03：______________________

M05：______________________

M30：______________________

G21：______________________

G40：______________________

T0202：______________________

S500：______________________

F0.2：______________________

【综合评价】

优秀□　　　良好□　　　尚待努力□

19.10　销轴的编程与加工（一）

【教师寄语】 知之者不如好之者，好之者不如乐之者。——《论语·雍也》。

【教学分析】

一、知识目标

1）熟悉 G00、G01 指令格式及参数含义。

2）熟悉销轴加工工艺，能编制销轴零件的加工程序。

二、能力目标

通过训练，提高对机床的熟悉程度，进一步提升编程和操作能力、工艺分析能力、工具和量具的使用能力，能正确使用数控车完成零件的加工，并具备安全文明生产的能力。

三、素质目标

利用情景教学法，学会联系实际生活来学习专业理论知识，学会在日常生活中发现问题、思考问题、解决问题，从而为进一步学习职业岗位技术、掌握职业技能打下基础。

四、教学要求

通过工艺分析、程序编写、加工练习等环节，能自主完成销轴零件的加工。

【教学重点】

G00、G01 指令格式及编程；销轴零件工艺安排及参数选择。

【难点分析】

如何控制零件精度，保证零件的加工精度。

【学习指导】

一、任务引入

本次任务加工图 19-26 所示的销轴，下面一起来讨论该零件的加工工艺。

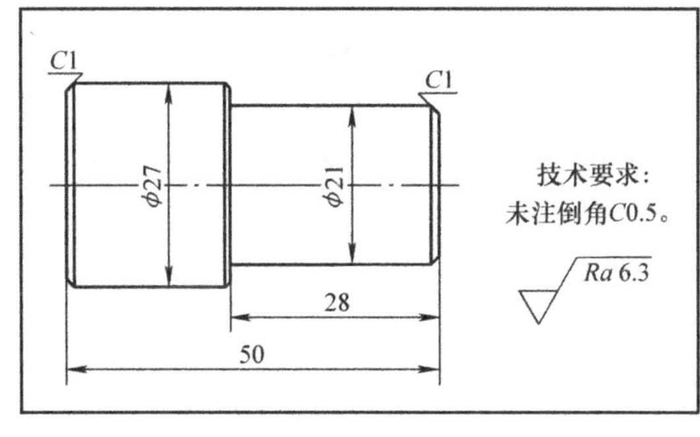

图 19-26　销轴（一）

二、零件图分析

(1) 分析零件需要加工的表面

销轴需要加工的表面有：1. ________2. ________3. ________4. ________5. ________6. ________7. ________8. ________。

(2) 确定车削加工工艺

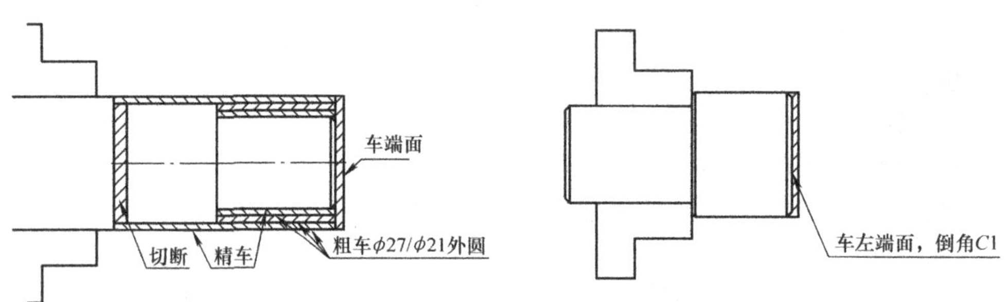

图 19-27 工艺路线

1) 确定工艺路线。该零件分 5 个工步完成：车右端面 →__________ →__________→手动切断→调头，车左端面（保总长）、倒角，如图 19-27 所示。

2) 选择装夹表面与夹具。用自定心卡盘装夹 ϕ30mm 棒料的外表面。装夹伸出长度 60mm 左右。

3) 选择刀具和量具。

名称	规格/mm	备注
外圆车刀	刀尖圆弧半径 0.4	1 号刀位
切断刀	刀宽 3	2 号刀位
游标卡尺	0 ~ 150	
外径千分尺	0 ~ 25	
	25 ~ 50	

4) 确定切削用量。

工步	背吃刀量/mm	进给量/(mm/r)	转速/(r/min)
车左右端面			
粗车			
精车			

三、填写数控加工工序卡片

<table>
<tr><td colspan="3">装夹定位简图</td><td colspan="6"> 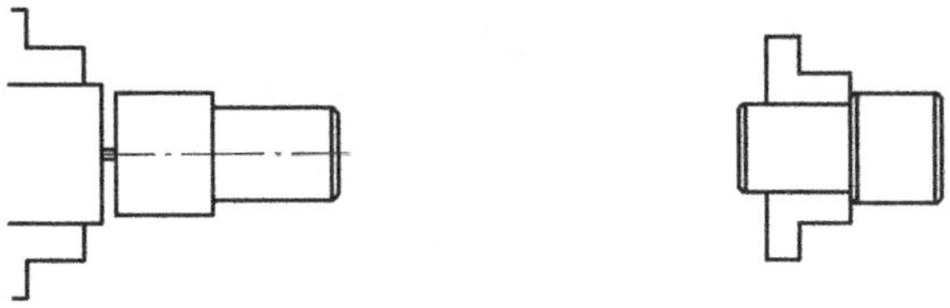</td></tr>
<tr><td colspan="5" rowspan="2">数控加工卡片</td><td>工序号</td><td colspan="3">工序内容</td></tr>
<tr><td>1</td><td colspan="3">销轴加工</td></tr>
<tr><td colspan="4" rowspan="2"></td><td>零件名称</td><td>材料</td><td colspan="2">夹具名称</td><td>使用设备</td></tr>
<tr><td>销轴</td><td>45 钢</td><td colspan="2">自定心卡盘</td><td>CKA6150</td></tr>
<tr><td>工步号</td><td>程序号</td><td>工步内容</td><td>刀具号</td><td>刀具名称</td><td>切削速度
/(m/min)</td><td>进给量
/(mm/r)</td><td>背吃刀量
/mm</td><td>备注</td></tr>
<tr><td>1</td><td>O1001</td><td>车右</td><td>1</td><td>外圆车刀</td><td>80</td><td>0.1</td><td>0.5</td><td></td></tr>
<tr><td>2</td><td>O1001</td><td>粗车</td><td>1</td><td>外圆车刀</td><td>80</td><td>0.2</td><td>2</td><td></td></tr>
<tr><td>3</td><td>O1001</td><td>精车</td><td>1</td><td>外圆车刀</td><td>100</td><td>0.1</td><td>0.5</td><td></td></tr>
<tr><td>4</td><td></td><td>切断</td><td>2</td><td>切断刀</td><td></td><td></td><td></td><td></td></tr>
<tr><td>5</td><td>O1002</td><td>车左</td><td>1</td><td>外圆车刀</td><td>80</td><td>0.1</td><td>0.5</td><td></td></tr>
<tr><td>编制</td><td colspan="2"></td><td colspan="2">审核</td><td></td><td colspan="2">第　　页</td><td>共　　页</td></tr>
</table>

四、编写数控加工程序

1）确定工件坐标系。

2）计算基点坐标。

3）编制程序。

程　　序	注　　释
O1001;	程序名
G21 G99 G40;	米制、每转进给、取消刀尖圆弧半径补偿
T0101;	调用1号刀，建立工件坐标系
G97 S800 M03;	恒转速，正转，800r/min
G00 X39 Z2;	快速从换刀点运动到预备点（34，2）
	快速定位至车端面起点 Z0
	车端面至 X-1，F0.1
	车削退刀至 Z2
	快速运动到预备点 X34
	快速运动到粗车外圆起点 X28
	粗车外圆至 Z-53，F0.2
	退刀至 X34
	快速退刀至 Z2
	快速运动到粗车 ϕ21mm 外圆起点 X24
	粗车外圆至 Z-28

（续）

程　　序	注　　释
	退刀至 X39
	快速退刀至 Z2
	快速至粗车外圆第二刀起点 X22
	粗车外圆至 Z－28
	退刀至 X39
	快速退刀至 Z2
	快速运动到精车起点 X17，提高转速至 1000r/min
	精车至 Z0.5，F0.1
	精车倒角 *C*1，（21，－1）
	精车 ϕ21mm 外圆至 Z－28
	精车台阶至 X26
	精车倒角 *C*0.5，（27，－28.5）
	精车 ϕ27mm 外圆至 Z－53
	退刀至 X39
	快速回到换刀点（100，200）
	主轴停止
	换 2 号刀
	程序停止
O1002	程序号 O1002
T0101 G97 S800 M03；	开始部分
G00 X31 Z2；	定位至预备点（31，2）
Z－1.5；	定位至车削起点
G01 X28 F0.1；	车削至 X28
X25 Z0；	倒角
X－1；	车端面
Z2；	退刀
G00 X31；	回预备点
X100 Z200；	回换刀点
M05；	主轴停止
M30；	程序停止

五、零件加工

两人一台机床，独立完成零件的加工。

六、任务检测

<table>
<tr><th>序号</th><th colspan="3">加工内容及标准</th><th colspan="2">配分</th><th>自检</th><th>师检</th><th>得分</th></tr>
<tr><td rowspan="5">1</td><td rowspan="5">工艺准备（35 分）</td><td colspan="2">加工工艺编制</td><td colspan="2">8</td><td></td><td></td><td></td></tr>
<tr><td colspan="2">程序编制及模拟运行</td><td colspan="2">15</td><td></td><td></td><td></td></tr>
<tr><td colspan="2">工件装夹</td><td colspan="2">3</td><td></td><td></td><td></td></tr>
<tr><td colspan="2">刀具选用</td><td colspan="2">5</td><td></td><td></td><td></td></tr>
<tr><td colspan="2">切削用量选择</td><td colspan="2">4</td><td></td><td></td><td></td></tr>
<tr><td rowspan="7">2</td><td rowspan="7">工件加工（65 分）</td><td colspan="2">正确对刀</td><td colspan="2">5</td><td></td><td></td><td></td></tr>
<tr><td rowspan="6">工件质量（60 分）</td><td rowspan="2">ϕ27mm，Ra3.2μm</td><td>IT</td><td>Ra</td><td rowspan="2"></td><td rowspan="2"></td><td rowspan="2"></td></tr>
<tr><td>15</td><td>3</td></tr>
<tr><td>ϕ21mm，Ra3.2μm</td><td>15</td><td>3</td><td></td><td></td><td></td></tr>
<tr><td>50mm</td><td colspan="2">8</td><td></td><td></td><td></td></tr>
<tr><td>28mm</td><td colspan="2">10</td><td></td><td></td><td></td></tr>
<tr><td>倒角 C0.5（3 处）</td><td colspan="2">6</td><td></td><td></td><td></td></tr>
<tr><td colspan="4">合　计</td><td colspan="2">100</td><td></td><td></td><td></td></tr>
</table>

【综合评价】

优秀□　　良好□　　尚待努力□

19.11　销轴的编程与加工（二）

【教师寄语】世上无难事，只怕有心人。

【教学分析】

一、知识目标

1）熟悉 G90 指令格式及参数含义。

2）熟悉轴类零件的加工方法，掌握修正方法控制零件的尺寸精度。

二、能力目标

通过训练，提高对机床的熟悉程度，进一步提升编程和操作能力、工艺分析能力、工具和量具的使用能力，能正确使用数控车完成零件的加工，并具备安全文明生产的能力。

三、素质目标

利用情景教学法，学会联系实际生活来学习专业理论知识，学会在日常生活中发现问题、思考问题、解决问题，从而为进一步学习职业岗位技术、掌握职业技能打下基础。

四、教学要求

通过工艺分析、程序编写、加工练习等环节，能自主完成销轴零件的加工。

【教学重点】

G90 指令格式及编程；轴类零件工艺安排及参数选择；零件数控加工。

【难点分析】

如何控制零件精度，保证零件的加工精度。

【学习指导】

一、任务引入

本次任务是加工如图 19-28 所示的销轴，下面一起来讨论该零件的加工工艺。

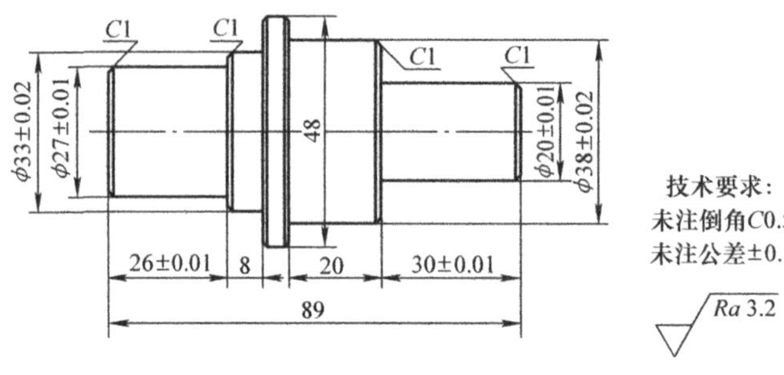

图 19-28　销轴（二）

二、零件图分析

（1）分析零件需要加工的表面　销轴需要加工的表面有 5 处外圆，分别是 1、______ 2、______3、______4、______5、________，左右端面，4 处________倒角，2 处________倒角，4 处________。

（2）确定车削加工工艺

1）确定工艺路线。该零件分 6 个工步完成：

车左端面 →____________→__________________________→调头，车右端面（保总长）、→____________→__________________________。

2）选择装夹表面与夹具。用自定心卡盘装夹 ϕ50mm 棒料的外表面。装夹伸出长度 65mm 左右。

3）选择刀具和量具。

名称	规格/mm	备注
外圆车刀	刀尖圆弧半径 0.4	1 号刀位
游标卡尺	0 ~ 150	
外径千分尺	0 ~ 25	
	25 ~ 50	

4）确定切削用量。

工步	背吃刀量/mm	进给量/(mm/r)	转速/(r/min)
车左右端面			
粗车			
精车			

三、填写数控加工工序卡片

装夹定位简图	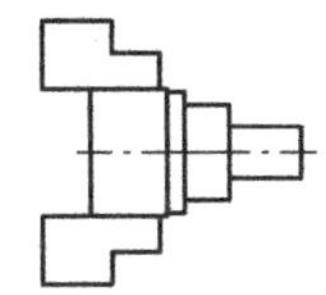 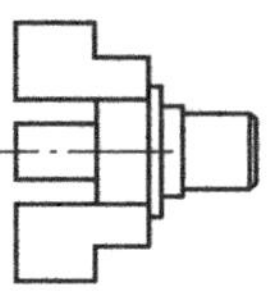

数控加工卡片					工序号	工序内容		
					1	销轴加工		
				零件名称	材料	夹具名称		使用设备
				销轴	45 钢	自定心卡盘		CKA6150
工步号	程序号	工步内容	刀具号	刀具名称	切削速度 /(m/min)	进给量 /(mm/r)	背吃刀量 /mm	备注
1	O1001	车端面	1	外圆车刀	80	0.1	0.5	
2	O1001	粗车右端	1	外圆车刀	80	0.2	2	
3	O1001	精车右端	1	外圆车刀	100	0.1	0.5	
4	O1002	调头车端面	1	外圆车刀	80	0.1	0.5	
5	O1002	粗车左端	1	外圆车刀	80	0.2	2	
6	O1002	精车左端	1	外圆车刀	100	0.1	0.5	
编制		审核				第　页		共　页

四、编写数控加工程序

1）确定工件坐标系。

2）计算基点坐标。

3）编制程序。

程序 O2001		注　释
开始部分		
定位至预备点		
G90 粗车		
至精车起点		

（续）

程序 O2001		注　释
精车轮廓		
结束部分		

五、零件加工

两人一台机床，独立完成零件的加工。

六、任务检测

<table>
<tr><th>序号</th><th colspan="3">加工内容及标准</th><th colspan="2">配分</th><th>自检</th><th>师检</th><th>得分</th></tr>
<tr><td rowspan="5">1</td><td rowspan="5">工艺准备（35 分）</td><td colspan="2">加工工艺编制</td><td colspan="2">8</td><td></td><td></td><td></td></tr>
<tr><td colspan="2">程序编制及模拟运行</td><td colspan="2">15</td><td></td><td></td><td></td></tr>
<tr><td colspan="2">工件装夹</td><td colspan="2">3</td><td></td><td></td><td></td></tr>
<tr><td colspan="2">刀具选用</td><td colspan="2">5</td><td></td><td></td><td></td></tr>
<tr><td colspan="2">切削用量选择</td><td colspan="2">4</td><td></td><td></td><td></td></tr>
<tr><td rowspan="11">2</td><td rowspan="11">工件加工（65 分）</td><td colspan="2">正确对刀</td><td colspan="2">5</td><td></td><td></td><td></td></tr>
<tr><td rowspan="10">工件质量（60 分）</td><td rowspan="2">ϕ（27 ±0.01）mm，Ra3.2μm</td><td>IT</td><td>Ra</td><td rowspan="2"></td><td rowspan="2"></td><td rowspan="2"></td></tr>
<tr><td>15</td><td>3</td></tr>
<tr><td>ϕ（38 ±0.02）mm，Ra3.2μm</td><td>15</td><td>3</td><td></td><td></td><td></td></tr>
<tr><td>ϕ（33 ±0.02）mm</td><td colspan="2">2</td><td></td><td></td><td></td></tr>
<tr><td>ϕ（20 ±0.01）mm</td><td colspan="2">2</td><td></td><td></td><td></td></tr>
<tr><td>（26 ±0.01）mm</td><td colspan="2">2</td><td></td><td></td><td></td></tr>
<tr><td>（30 ±0.01）mm</td><td colspan="2">2</td><td></td><td></td><td></td></tr>
<tr><td>（28 ±0.1）mm</td><td colspan="2">5</td><td></td><td></td><td></td></tr>
<tr><td>（20 ±0.1）mm</td><td colspan="2">5</td><td></td><td></td><td></td></tr>
<tr><td>倒角 $C1$（4 处）</td><td colspan="2">6</td><td></td><td></td><td></td></tr>
<tr><td colspan="4">合　计</td><td colspan="2">100</td><td></td><td></td><td></td></tr>
</table>

【综合评价】

优秀□　　　良好□　　　尚待努力□

19.12　数控车编程（G71、G70）

【教师寄语】执着专注、精益求精、一丝不苟、追求卓越。

【教学分析】

一、知识目标

1）熟悉 G71、G70 指令格式及参数含义。

2）掌握 G71、G70 编程的方法。

二、能力目标

1）熟悉数控车安全操作注意事项。

2）完成零件程序输入与加工。

三、素质目标

利用情景教学，提高对机床的熟悉程度，提升编程和操作能力，能正确使用编程指令完成零件的程序编写，并具备完全文明生产的能力。

四、教学要求

通过指令学习、练习等环节，能自主完成零件的编程。

【教学重点】

数控车对刀、程序的输入与模拟检验。

【难点分析】

轴类零件的 G71 编程与加工工艺。

【学习指导】

一、外圆/内孔粗加工切削循环（G71）

指令格式：G71 U（Δd）R（Δe）；

G71 P（ns）　Q（nf）　U（Δu）　W（Δw）　F（f）；

G71 U ______ R ______ ；

G71 P ______Q ______ U ______ W ______ F ______；

说明：Δd——背吃刀量，无正负号，**半径**指定；

Δe——退刀量，**半径**指定；

ns——精加工轮廓程序段中开始程序段的段号；

nf——精加工轮廓程序段中结束程序段的段号；

Δu——X 轴向精加工余量，根据**直径**指定；

Δw——Z 轴向精加工余量。

f——F 代码（进给量）。

指令功能：G71 外圆/内孔粗加工切削循环，如图 19-29 所示，此循环适用于切削余量较大，而且工件是沿径向单调递增或递减。

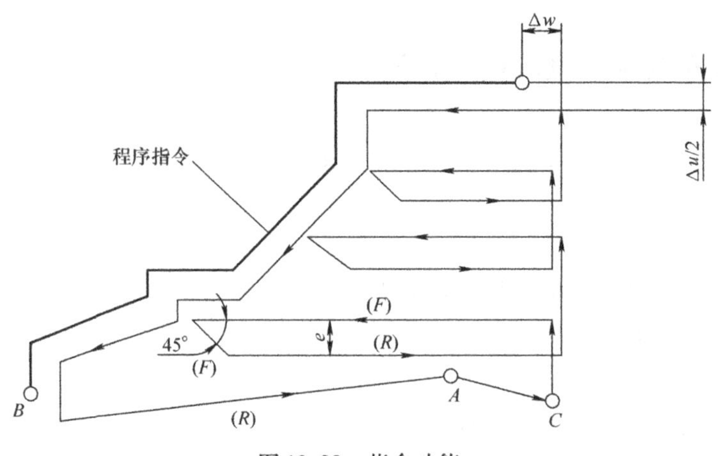

图 19-29　指令功能

二、精加工循环（G70）

指令格式：G70　P（*ns*）　Q（*nf*）　F（*f*）；

G70 ______ Q ______ F ______；

说明：*ns*——精加工轮廓程序段中开始程序段的段号；

nf——精加工轮廓程序段中结束程序段的段号；

f——F 代码（进给量）。

三、编程举例

使用 G71、G70 编写图 19-30 所示零件的加工程序。

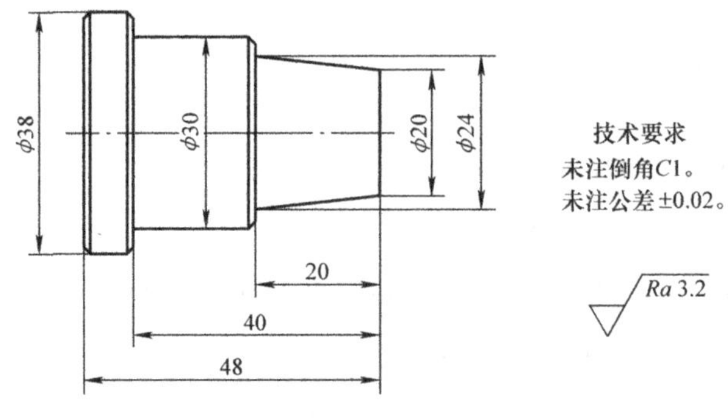

图 19-30　零件图

编写 G71、G70 加工程序	注　　释
	车床加工必备指令
	加工定位至预备点
	G71 加工指令
	G71 加工指令
	循环加工起点
	车削起点
	右端面
	车削锥面

（续）

编写 G71、G70 加工程序	注　释
	台阶
	倒角加工
	加工 ϕ30mm 外圆
	台阶
	倒角
	加工 ϕ38mm 外圆，车至 Z-53
	退刀
	精车提速至 800r/min
	G70 精车指令
	退刀至换刀点
	主轴停止
	程序结束

【实训指导】

1）分组**输入** G71、G70 编程，并**锁住**车床模拟程序，检验并修改程序。

2）**解除“锁住”，按【POS】键**→绝对→操作→预置（或工件坐标系）→所有轴，将坐标**调回至正常坐标系**，然后 X、Z 方向分别**对刀**。

3）对刀完成后，先按“自动”“单段”→“循环启动”，**定位**（确保对刀正确）**准确**后再取消“单段”，再按“循环启动”即可自动加工。

4）小组成员按顺序操作以上步骤，分别完成程序输入、模拟和加工，并**上交工件**。

【综合评价】

优秀□　　　　良好□　　　　尚待努力□

19.13　销轴的编程与加工（三）

【教师寄语】爱岗敬业、争创一流、艰苦奋斗、勇于创新、甘于奉献。

【教学分析】

一、知识目标

1）熟悉 G70、G71 指令格式及参数含义。

2）熟悉轴类零件加工方法，掌握修正方法控制零件的尺寸精度。

二、能力目标

通过训练，提高对机床的熟悉程度，进一步提升编程和操作能力、工艺分析能力、工具和量具的使用能力，能正确使用数控车床完成零件的加工，并具备安全文明生产的能力。

三、素质目标

利用情景教学法，学会联系实际生活来学习专业理论知识，学会在日常生活中发现问题、思考问题、解决问题，从而为进一步学习职业岗位技术、掌握职业技能打下基础。

四、教学要求

通过工艺分析、程序编写、加工练习等环节，能自主完成轴类零件的加工。

【教学重点】

G70、G71 指令格式及编程；轴类零件工艺安排及参数选择；零件数控加工。

【难点分析】

如何控制零件精度，保证零件加工精度。

【学习指导】

一、任务引入

本次任务加工如图 19-31 所示的销轴，下面一起来讨论该零件的加工工艺。

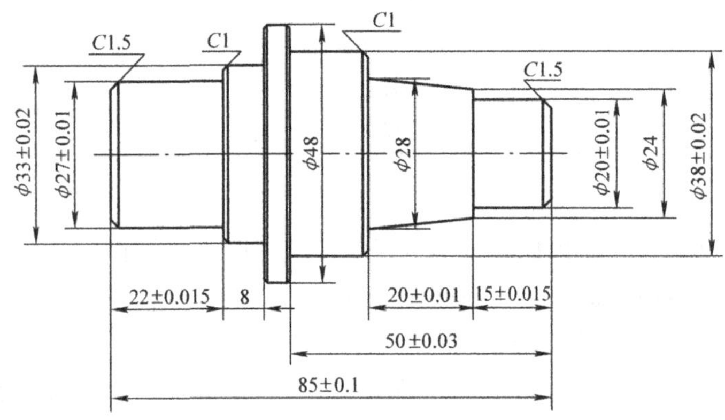

图 19-31　销轴（三）

二、零件图分析

（1）分析零件需要加工的表面　销轴需要加工的表面有 5 处外圆，分别是 1. ______2. ______3. ______4. ______5. ______，左右端面，2 处________倒角，2 处________倒角，2 处________倒角，1 处________，5 处台阶________。

（2）确定车削加工工艺

1）确定工艺路线。该零件分 2 个工步完成：G70、G71 粗精车右端面→调头，G70、G71 粗精车左端（保总长）。

2）选择装夹表面与夹具。用自定心卡盘装夹 ϕ50mm 棒料的外表面。装夹伸出长度 65mm 左右。

3）选择刀具和量具。

名称	规格/mm	备注
外圆车刀	刀尖圆弧半径 0.4	1 号刀位
游标卡尺	0～150	
外径千分尺	0～25	
	25～50	

4）确定切削用量。

工步	背吃刀量/mm	进给量/(mm/r)	转速/(r/min)
粗车			
精车			

三、填写数控加工工序卡片

<table>
<tr><td colspan="2">装夹定位简图</td><td colspan="7">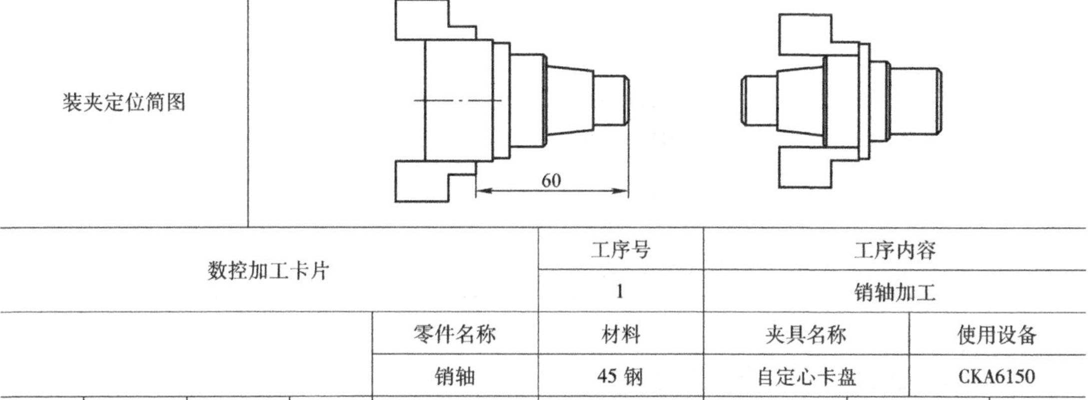
</td></tr>
<tr><td colspan="5" rowspan="2">数控加工卡片</td><td>工序号</td><td colspan="3">工序内容</td></tr>
<tr><td>1</td><td colspan="3">销轴加工</td></tr>
<tr><td colspan="4" rowspan="2"></td><td>零件名称</td><td>材料</td><td colspan="2">夹具名称</td><td>使用设备</td></tr>
<tr><td>销轴</td><td>45 钢</td><td colspan="2">自定心卡盘</td><td>CKA6150</td></tr>
<tr><td>工步号</td><td>程序号</td><td>工步内容</td><td>刀具号</td><td>刀具名称</td><td>切削速度
/(m/min)</td><td>进给量
/(mm/r)</td><td>背吃刀量
/mm</td><td>备注</td></tr>
<tr><td>1</td><td>O100</td><td>粗/精车</td><td>1</td><td>外圆车刀</td><td>80</td><td>0.2</td><td>2/0.5</td><td></td></tr>
<tr><td>2</td><td>O100</td><td>粗/精车</td><td>1</td><td>外圆车刀</td><td>80</td><td>0.2</td><td>2/0.5</td><td></td></tr>
<tr><td>编制</td><td colspan="2"></td><td colspan="2">审核</td><td></td><td colspan="2">第　页</td><td>共　页</td></tr>
</table>

四、编写数控加工程序

1）确定工件坐标系。

2）计算基点坐标。

3）编制程序。

<table>
<tr><td colspan="2">程序 O2001</td><td>注　释</td></tr>
<tr><td rowspan="3">开始部分</td><td></td><td></td></tr>
<tr><td></td><td></td></tr>
<tr><td></td><td></td></tr>
<tr><td>定位至预备点</td><td></td><td></td></tr>
<tr><td rowspan="2">G71 程序段</td><td></td><td></td></tr>
<tr><td></td><td></td></tr>
<tr><td rowspan="5">轮廓程序段</td><td>N10 G00 X0;</td><td></td></tr>
<tr><td></td><td></td></tr>
<tr><td></td><td></td></tr>
<tr><td></td><td></td></tr>
<tr><td></td><td></td></tr>
</table>

（续）

程序 O2001		注　　释
轮廓程序段		
	N100 X54；	
提高转速	M03 S1000；	
G70		
结束部分		

五、零件加工

两人一台机床，独立完成零件的加工。

六、任务检测

序号	加工内容及标准			配分		自检	师检	得分
1	工艺准备（35 分）	加工工艺编制		8				
		程序编制及模拟运行		15				
		工件装夹		3				
		刀具选用		5				
		切削用量选择		4				
2	工件加工（65 分）	正确对刀		5				
		工件质量（60 分）	ϕ（27 ±0.01）mm，Ra3.2μm	IT	Ra			
				15	3			
			ϕ（33 ±0.02）mm，Ra3.2μm	15	3			
			ϕ（38 ±0.02）mm	2				
			ϕ（20 ±0.01）mm	2				
			（15 ±0.015）mm	2				
			（50 ±0.03）mm	2				
			（22 ±0.015）mm	3				
			（20 ±0.01）mm	3				
			（85 ±0.1）mm	4				
			倒角 C1.5（2 处）	6				
合　　计				100				

【综合评价】

优秀□　　　良好□　　　尚待努力□

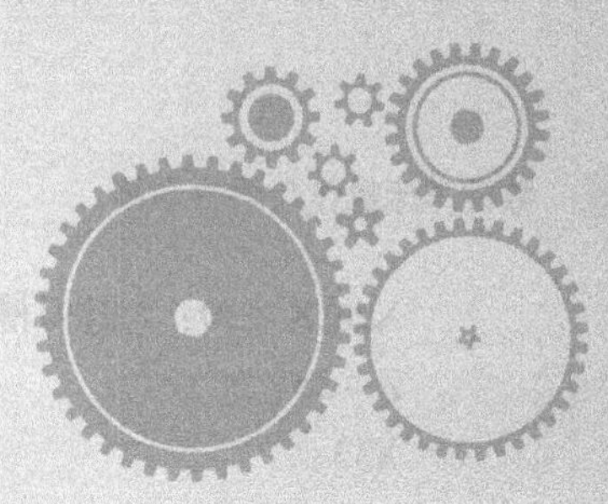

附录

附录 A　图样集与加工程序示例

1. 示例一

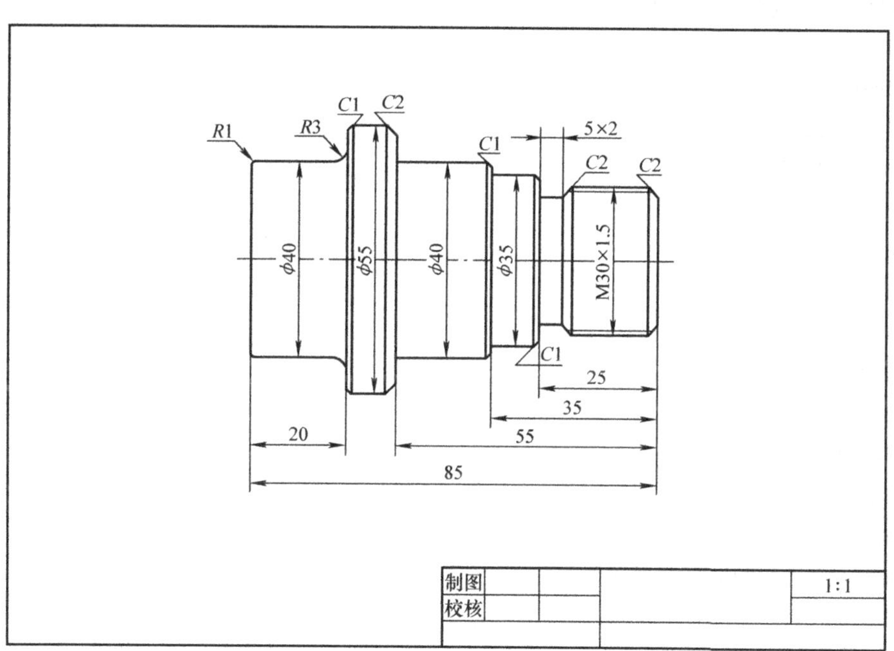


```
O0001;（右端外圆加工程序）
T101;（使用35°刀片）
M3 S800 G98 F100;
G0 X62 Z2;
/G73 U17 R17;
/G73 P1 Q2 U0 W0;
    N1 G0 X26;
    G1 Z0;
    X30 Z-18;
```

```
        X26 Z-20;(退刀槽)
        Z-25;
        X33;
        X35 W-1;
        Z-35;
        X38;
        X40 W-1;
        Z-55;
        X51;
        X55 W-2;
        N2 X62;
G0 X150;
Z200;
M30;
O0002;(右端螺纹加工程序)
T202;
M3 S800 G99;
G0 X32 Z2;
G92 X30 Z-22 F1.5;
X29;
X28.6;
X28.3;
X28.2;
X28.05;
X28.05;(去除毛刺)
G0 X150;
Z200;
M30;
O0003;(左端外圆加工程序)
T101;
M3 S800 G98 F100;
G0 X62 Z2;
/G71 U1 R1;
/G71 P1 Q2 U0 W0;
        N1 G0 X38;
        G1 Z0;
        G3 X40 Z-1 R1;
        G1 Z-17;
        G2 X46 Z-20 R3;
        G1 X53;
```

```
    X55 W -1;
    Z -29;(注意刀具与卡盘)
    N2 X62;
G0 X150;
Z200;
M30;
```

2. 示例二

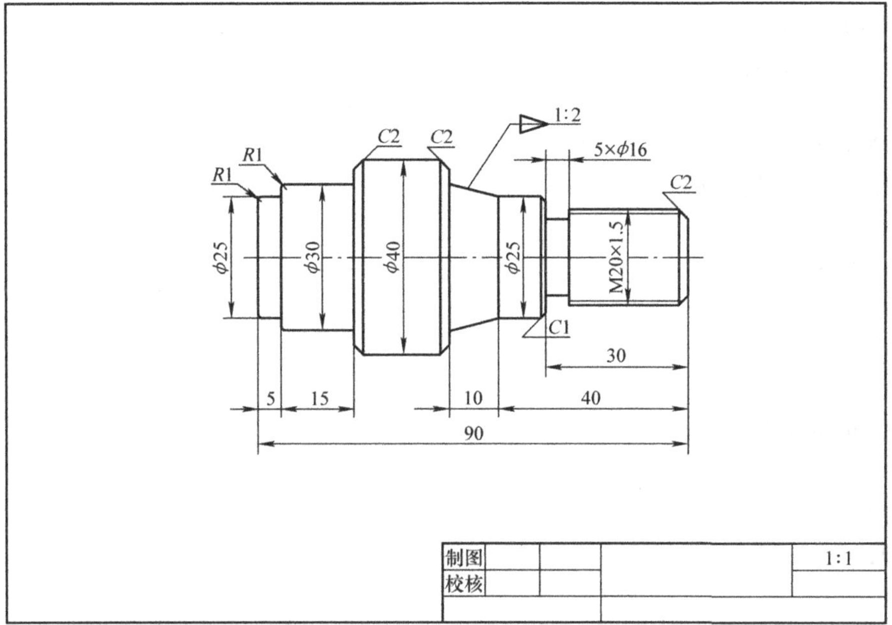


```
O0001;(左端外圆加工程序)
T101;
M3 S800 G98 F100;
G0 X47 Z2;
/G71 U1 R1;
/G71 P1 Q2 U0 W0;
    N1 G0 X23;
    G1 Z0;
    G3 X25 Z -1 R1;
    G1 Z -5;
    X28;
    G3 X30 W -1 R1;
    Z -20;
    X36;
    X40 W -2;
    Z - [90 -10 -40];
    N2 X47;
G0 X150;
```

```
Z200;
M30;
O0002;(左端外圆加工程序)
T101;
M3 S800 G98 F100;
G0 X47 Z2;
/G71 U1 R1;
/G71 P1 Q2 U0 W0;
    N1 G0 X16;
    G1 Z0;
    X20 Z-2;
    Z-30;(忽略槽)
    X23;
    X25 W-1;
    Z-40;
    X30 W-10;
    X36;
    X40 W-2;
    N2 X47;
G0 X150;
Z200;
M30;
O0003;(左端槽加工程序)
T202;(使用4mm宽槽刀片)
M3 S800 G98 F100;
G0 X27 Z-30;
G1 X16;
G4 X1;(槽底光刀)
G1 X27;
W1;(已左刀尖对刀,车剩余1mm)
X16;
G4 X1;(槽底光刀)
G1 X22;
G0 X150;
Z200;
O0004;(左端螺纹加工程序)
T303;
M3 S800 G99;
G0 X22 Z2;
G92 X20 Z-27 F1.5;
```

X19;
X18.5;
X18.2;
X18.05;
X18.05;
G0 X150;
Z200;
M30;

3. 示例三

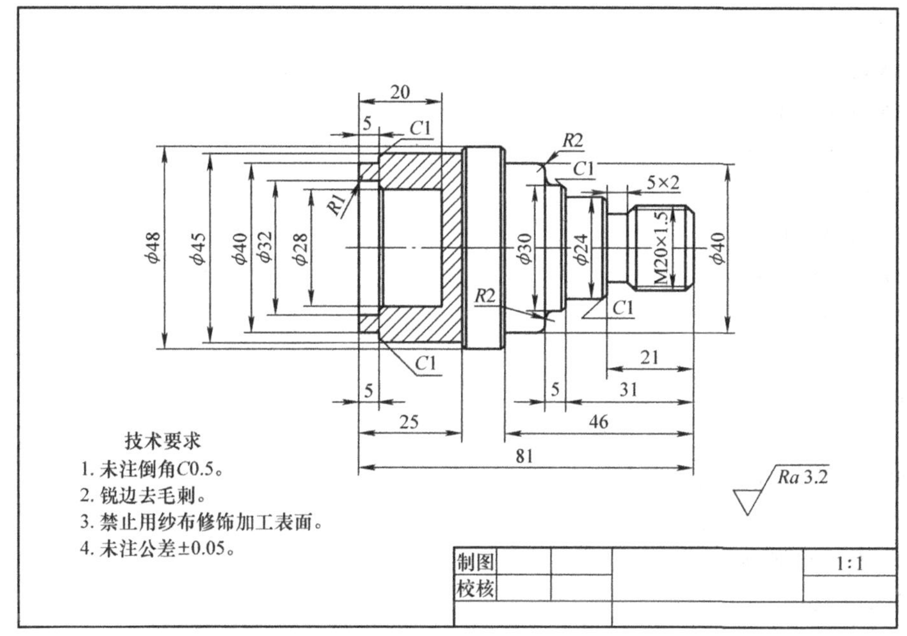

O0001;(左端内孔加工程序)
T101;
M3 S800 G98 F100;
G0 X24 Z2;
/G71 U1 R1;
/G71 P1 Q2 U0 W0;
　　N1 G0 X34;
　　G1 Z0;
　　G2 X32 Z-1 R1;
　　G1 Z-5;
　　X29;
　　X28 W-0.5;
　　Z-20;
　　N2 X24;
G0 Z200;
M30;

```
O0002；（左端外圆加工程序）
T202；
M3 S800 G98 F100；
G0 X52 Z2；
/G71 U1 R1；
/G71 P1 Q2 U0 W0；
    N1 G0 X38；
    G1 Z0；
    X40 Z-1；
    Z-5；
    X43；
    X45 W-1；
    Z-25；
    X47；
    X48 W-0.5；
    Z-[81-46]；
    N2 X52；
G0 X150；
Z200；
M30；
O0003；（右端外圆加工程序）
T202；（使用35°刀片）
M3 S800 G98 F100；
G0 X52 Z2；
/G71 U1 R1；
/G71 P1 Q2 U0 W0；（FANUC 0i TF 系统轮廓初始段加入Z值，启用G71 Ⅱ型，能够完成单调递减型面加工）
N1 G0 X16 Z2；
G1 Z0；
X20 Z-2；
Z-14；
X16 Z-16；
Z-21；（退刀槽）
X22；
X24 W-1；
Z-31；
X28；
X30 W-1；
Z-34；
G2 X34 Z-36 R2；
```

```
    G1 X36;
    G3 X40 W-2 R2;
    G1 Z-46;
    X47;
    X48 W-0.5;
    N2 X52;
G0 X150;
Z200;
M30;
    O0004;
    T303;
    M3 S800 G99;
    G0 X22 Z2;
    G92 X20 Z-18 F1.5;
    X19;
    X18.5;
    X18.2;
    X18.05;
    X18.05;
    G0 X150;
    Z200;
    M30;
```

4. 示例四

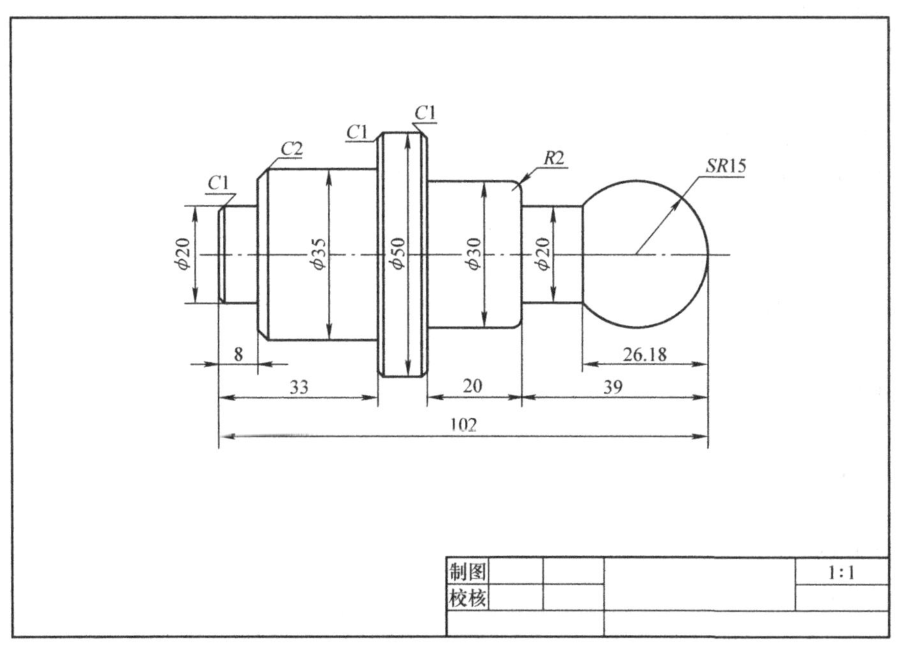

```
O0001；（左端外圆加工程序）
T101；
M3 S800 G98 F100；
G0 X57 Z2；
/G71 U1 R1；
/G71 P1 Q2 U0 W0；
    N1 G0 X18；
    G1 Z0；
    X20 Z-1；
    Z-8；
    X31；
    X35 W-2；
    Z-33；
    X48；
    X50 W-1；
    Z-[102-39-20]；
    N2 X57；
G0 X150；
Z200；
M30；

O0002；（右端外圆加工程序）
T101；
M3 S800 G98 F100；
G0 X57 Z2；
/G73 U25 R25；
/G73 P1 Q2 U0 W0；
    N1 G0 X0；
    G1 Z0；
    G3 X20 Z-26.18 R15；
    G1 Z-39；
    X26；
    G3 X30 Z-41 R2；
    G1 Z-59；
    X48；
    X50 W-1；
    N2 X57；
G0 X150；
Z200；
```

M30；

5. 示例五

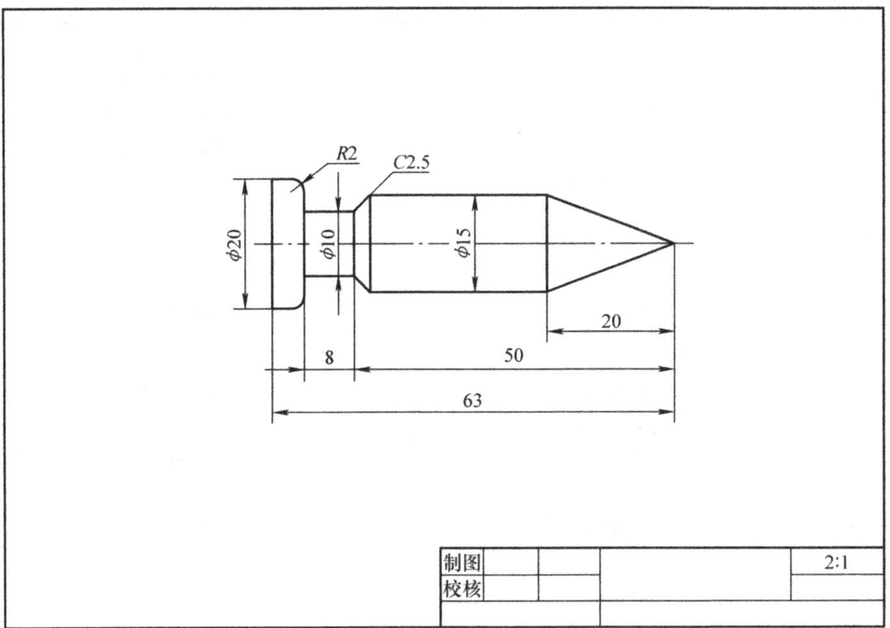


```
O0001；
T101；
M3 S800 G98 F100；
G0 X27 Z2；
/G73 U17 R17；
/G73 P1 Q2 U0 W0；
    N1 G0 X0；
    G1 Z0；
X15 Z－20；
Z－[50－2.5]；
X10 Z－50；
Z－58；
X16；
G3 X20 W－2 R2；
G1 Z－63；
N2 X27；
G0 X150；
Z200；
M30；
```

附录 B　代码表

序号	代码	功能	格式
1	G00	快速定位	G00 X_ Z_
2	G01	直线插补	G01 X_ Z_ F_
3	G02	顺时针圆弧插补	G02 X_ Z_ R_ F_
4	G03	逆时针圆弧插补	G03 X_ Z_ R_ F
5	G71	径向粗车循环	G71 U_ R_ G71 P_ Q_ U_ W_ F_
6	G73	仿形粗车循环	G73 U_ R_ G73 P_ Q_ U _ W_ F_
7	G40	取消刀尖半径补偿	G40 G00 X_ Z_
8	G41	刀尖半径左补偿	G41 G00 X_ Z_
9	G42	刀尖半径右补偿	G42 G00 X_ Z_
10	G20	英寸输入	G20
11	G21	毫米输入	G21（机床默认）
12	G96	恒线速度	G96 S_
13	G97	恒转速	G97 S_
14	G98	每分钟进给	G98
15	G99	每转进给	G99
16	G04	进给暂停	G04 X_ （秒） | G04 P_ （毫秒）
17	G50	最高转速限制	G50 S_
18	G22	半径编程	G22
19	G23	直径编程	G23（机床默认）
20	M00	程序暂停	M00
21	M01	程序选择性停止	M01
22	M02	程序停止	M02
23	M30	程序停止跳至程序头	M30
24	M03	主轴正转	M03
25	M04	主轴反转	M04
26	M08	切削液开	M08
27	M09	切削液关	M09
28	M98	调用子程序	M98 P_ L_
29	M99	子程序结束返回主程序	M99
30	G65	调用宏	G65 P_ A_ B_ .....
31	M05	主轴停转	M05
32	G72	轴向粗车循环	G72 W_ R_ G72 P_ Q_ U_ W_ F_
33	M41	低速档	M41
34	M42	中速档	M42
35	M43	高速档	M43
36	G92	螺纹车削循环	G92 X_ Z_ F_

附录 C　安全操作规程

为规范数控车床操作，程序设计与验证、刀具选用与使用、工件装夹与拆卸，加工过程重要节点控制的关联工作要进行系统化控制。

一、工件的装夹与拆卸

1）验证毛坯尺寸是否与技术要求相符。

2）装夹长度不得小于毛坯总长度的20%～30%。

3）如果装夹长度小于毛坯总长度的20%～30%，需要钻中心孔，使用顶尖辅助装夹。

4）装夹拆卸工件与刀具时，刀塔必须距离工件200mm以上。

二、程序的编制与验证

1）程序的进刀点与退刀点必须距离毛坯2mm以上。

2）程序的转速不得超过2000r/min，进给速度不得超过1500mm/min。

3）程序第一段必须具有刀具功能。

4）程序禁止使用恒线速度指令与坐标系指令。

5）外轮廓退刀时必须先退 X 轴再退 Z 轴，内轮廓退刀时只退 Z 轴禁止退 X 轴。

三、程序运行前的操作与验证

1）机床重启、按下急停按钮、锁住模式运行各轴后，再次运行程序必须重新确定工件坐标系。

2）程序运行前要检查机床各按钮是否正常，锁住按钮、空运行按钮是否关闭。

3）程序运行前必须将快速进给倍率调至10%，并打开单段执行按钮。

4）粗车时必须关闭跳选按钮，精车完成时随机关闭跳选按钮。

5）程序运行前确保工件夹紧，各轴运行轨迹与刀塔转动无障碍，谨防顶尖与尾座干涉。

6）程序运行前光标必须跳至程序头。

7）设定工件坐标系时，数据必须经测量按钮输入相应的形状栏目中，每次输入两遍进行验证。对 Z 轴，Z 轴不动；对 X 轴，X 轴不动。

8）程序运行前必须验证当前程序刀具功能调用的刀具方位、刀补数据是否与实际使用的相符。

9）程序运行前验证磨耗栏目中的数值，是否与实际相符，修改磨耗时必须通过“+”输入按钮写入。

10）禁止修改CAM软件后处理文件及任何配置，自动编程确认无误后方可使用。

四、程序运行中的操作与验证

1）发现紧急情况应立即按下急停按钮，不得擅自操作处理。

2）程序运行时操作者必须将右手放在循环启动与循环暂停按钮处，左手放在急停按钮处。

3）程序运行的步骤：

第一步：执行刀具功能时刻验证刀塔是否干涉。

第二步：执行转速功能时刻验证工件是否夹紧。

第三步：执行定位功能时刻验证刀具距离工件定位点的面板数据是否与实际相符，各轴运行轨迹是否干涉，先验证 X 轴是否相符，再验证 Z 轴 100mm、50mm、10mm、5mm 距离各一次。

第四步：执行车削功能时刻验证工件是否夹紧，各轴运行轨迹是否干涉，刀具距离卡盘的距离是否与实际相符，验证 Z 轴 20mm、10mm、5mm 距离各一次。

第五步：以上四步没有发生异常，可以选择性地取消单段运行功能，将快速进给倍率调至 50%，时刻验证刀具是否干涉。

第六步：程序执行退刀功能时刻验证面板数据是否与实际相符，时刻验证各轴运行轨迹是否干涉、刀具是否干涉。

注意：程序运行时，发现任何异常，应立刻按下循环暂停按钮，并按下复位按钮。

4）程序运行过程中操作者必须在安全区域操作机床。

五、刀具的选用与使用

1）使用的刀具规格必须与机床相符。

2）禁止使用已经破损的刀杆、刀片、垫刀片。

3）使用刀具前，刀片必须夹紧，刀具必须压紧，中心高必须与机床相符。

4）使用的刀片规格必须与工件材料、工件型面相符，螺纹刀片与切槽刀片的规格必须与技术要求相符。

5）钻头、中心钻必须对中，与尾座必须紧密连接。

6）使用的刀具不得产生干涉。

六、机床的使用与操作

1）禁止一人以上操作机床。

2）禁止在工件旋转、进给移动、刀塔旋转时打开机床防护门。

3）禁止在机床防护门位置放置物品。

4）禁止戴手套操作机床。

5）禁止在加工过程中换档。

6）禁止操作者离开操作岗位。

7）禁止用手接触切屑、刀尖。

8）进行机床回零（参考点）时必须报告指导教师，回零操作时，必须先将快速进给倍率调至 10%，先回 X 轴，再回 Z 轴，X/Z 轴运行期间时刻注意各轴运行轨迹是否干涉以及与机床尾座距离。

9）打开防护门进行任何操作时，机床必须保持编辑状态。

10）手动进给时快速进给倍率不得超过 50%。

11）使用机床后必须清扫卫生，整理工量具，工量具不得存放在机床内，依次按下急停，关闭数控系统，关闭总电源。

12）禁止使用 MDI 模式下编写 X 轴与 Z 轴运行的临时程序段。

13）禁止使用 M41、M42、M43 换档指令集。

14）禁止使用 M98、M99、G65、G66、G67、M198、自定义代码拓展等子程序宏程序调用指令集。

15）使用 G04 指令时只可使用 G04 X_ 格式。

16）宏程序使用前必须经过指导老师确认无误后方可运行。

17）禁止修改系统所有参数、删除任何机床日志履历。

18）禁止修改机床上的任何标识。

19）操作者周围 5m 范围内有两人及以上方可操作机床。

参考文献

[1] 劳动和社会保障部教材办公室．数控加工工艺编程与操作：FANUC 系统数控车床［M］．北京：中国劳动社会保障出版社，2008.

[2] 劳动和社会保障部教材办公室．数控车床加工技术［M］．北京：中国劳动社会保障出版社，2010.

[3] 陈俊龙．数控技术与数控机床［M］．杭州：浙江大学出版社，2007.

[4] 彭效润．数控车工：中级［M］．北京：中国劳动社会保障出版社，2007.